化石先生は夢を掘る

忠類ナウマンゾウからサッポロカイギュウまで

木村方一
KIMURA Masaichi

北海道新聞社

序

後志管内黒松内町の一角に歌才ブナ自生北限地帯がある。この自然林は、北海道農学校教授・新島善直（林学博士）の調書によって、1928 年（昭和 3 年）に国の天然記念物に指定されている。

このブナ自然林の北側を東へ流れる歌才川を挟んで、黒松内の市街地とブナ林を展望する海抜 95 メートルの高まりに、一つの石碑が立っていた。その石碑は高さ 1×1.5 メートルの自然石で、その面には「天敬地愛　木村博介」と刻まれていた。

木村博介は私の祖父である。「ここは博介さんの土地だった」と、近隣に農地を拓いた住民の佐藤忠さんに聞かされた。その石碑は、いま確認することはできない。

佐藤さんが入植した 1944 年（昭和 19 年）当時、その地域の斜面には除虫菊が栽培されており、碑は昭和 25、26 年ごろまでは確認できたという。戦後、農地改革で酪農が奨励され、この斜面は新地主によって牧草地へと変わっていった。

祖父がなぜこの地を石碑の設置場所に選んだのかは知る由もないが、その心意気は、碑の四文字から十分知ることができる。

この町で生まれた私が終戦を迎えた小学 2 年生のころ、野や山や川は飢えを満たしてくれる場であった。当時の私は、この地に化石が眠っていることなど想像もしなかったが、町を流れる清流に、子どもの手でも容易に発掘できる貝化石の露頭がある。

ある夏、私は、孫のような年ごろの後輩たちとともに、ここで一日を過ごした。添別川の河岸に沿った露頭に向かって、化石の産状スケッチから始める。この地域が海であったころ、ここは貝が棲んでいた場所なのか（基質支持)、それとも波で運ばれてきてこの場所で堆積（貝殻片支持）したのかを見極めるためである。

5メートル間隔の班ごとのスケッチでは、両方のタイプが記録されていたが、化石床のような大きな流れによる溜まり方は見られなかった。1時間弱で、子どもたちの袋に化石が溜まった。

露頭から1キロほどのところに、閉校になった中ノ川小中学校の空き校舎がある。ここで机を並べて化石のクリーニングを始めた。歯ブラシと竹箸の先を使い、水で洗いながら容易にクリーニング作業は進んだ。まもなく会場に給食が届き、午前の活動を終えた。

黒松内のこれらの化石を含む地層は「瀬棚層」と呼ばれ、朱太川に沿って南北に軸が走る向斜構造をなしている。発掘地点から軸の向かい側の熱郛（ねっぷ）には化石の吹き溜まり（化石床）のような大きな露頭があり、掘り出した化石を粉砕して土地改良材として売り出していた時もあった。その露頭からは、推定20メートルとも予想されるヒゲクジラの頭骨のほか、シャチやトドの歯、サメの歯やステラーカイギュウの肋骨片なども発見され、町のブナセンターに展示されている。

北海道の自然との触れ合いの中で、私は化石の研究者となり、多くの道民から発見物を提供されてきた。そして、先輩たちにその解明の手ほどきを受け、若い研究者とともに一つひとつ解明に努めてきた。無我夢中の80年余りの月日であった。

私は道産子だ。この言葉が好きだ。内地人の知恵を借りながらも、独立・自立する道産子の生き方を求めてきた。

いま、北海道の標本研究から日本を代表する若き研究者が育ち、世界に向けて発信するようになった。北海道の自然の豊かさは、これからも私たちに夢を与えてくれることであろう。

もくじ

十勝よいとこ節

作詞　木村方一
作曲　未詳

1969年、奇跡の夏
――忠類ナウマンゾウ

十勝よいとこ節

作詞　木村方一

ランラランラ ランララン　ランラランラ ランララン
十勝よいとこ一度はおいで　狩勝越えて眺めれば
美蔓（ビマン）のラインに魅惑をされて　川を下って十勝太
ランラランラ ランララン……（以下繰り返し）

十勝よいとこ一度はおいで　無願の坂に立っていれば
太平洋を前に望み　モザイク模様のこの地形

十勝よいとこ一度はおいで　シャベルをかついで穴ほりさ
これが出来ねば卒業ならぬ　懲戒免職怖くない

十勝よいとこ一度はおいで　帯広火山砂追ってみれば
西へ西へと日高を越えて　恵庭のお山にたどりつく

十勝よいとこ一度はおいで　ペクテン・ヨルディア・マヤ・エルフィディウム
井戸屋の尻を追いかけまわし　古盆 造盆 十勝盆

十勝よいとこ一度はおいで　扇状ケ原に行ってみれば
流れ山も自衛隊の射撃地　これじゃ火山もたまらない

十勝よいとこ一度はおいで　上がり下がりのその頭
掘り当てれば恵庭に支笏　これがデユーン（古砂丘）というものか

十勝よいとこ一度はおいで　乱れた地層よ何を言う
おカール様の腰元なれば　幌尻・戸蔦のなれのはて

十勝（柏葉）よいとこ一度はおいで　時にはナウマン顔を出し
黒い日焼けの十勝（柏葉）野郎を　長い鼻で振り回す

十勝（柏葉）よいとこ一度はおいで　来なけりゃ単位がもらえない
長いようでも短い３年　おいらの大学で思い出す
ランラランラ ランララン　ランラランラ ランララン　ランラン

1963年（昭和38年）4月、赴任地・帯広へ向かう国鉄根室本線は、空知川の源流近く、狩勝峠の西麓にある落合駅で蒸気機関車を後部に連結し、後押しで狩勝峠を越えた。やがてトンネルを抜け、新内駅でその機関車を切り離し、平原へと坂を下った。

その先には広大な十勝平野が広がっていた。

「新しい世界へ飛び込むぞ」

そんな大きな夢を抱かせる赴任初日の風景だった。列車はそれから1時間ほどカラマツの防風林の間を走り、帯広駅に到着した。

平屋1階建ての駅舎には、倶知安高校時代の私の先輩が迎えに来てくれていた。私の初任地である帯広柏葉高校で教員を務めていたのだ。予期せぬ歓迎に胸を弾ませ、まっすぐな駅前の通りを先輩と肩を並べて最初の赴任校へ向かった。

火山灰の大地を走る

関東の大学を出て北海道に帰ってきた私は、倶知安農業高校の事務職員を2年間務め、24歳で初めて十勝の土を踏んだ。念願の高等学校地学教員に採用されたとはいうものの、十勝の地質についての知識はほとんどなかった。どうしたものかと悩んでいたところ、地質調査研究グループ「十勝団体研究会」（以下、十勝団研）の存在を知った。私は早速、学びの場を求めて参加することにした。

十勝団研は、十勝平野の地史を解明すべく、毎年夏休みに1週間の合宿を行い地質調査を続けていた。研究テーマは、いろいろな火山灰に覆われている十勝平野の段丘地形と火山灰分布を調べて「段丘面区分」をすること、そして「鍵層」となる火山灰の噴出源を突き止めることであった（Fig.1-1）。

参加者は札幌など道央の人ばかりで、私は地元からの初めての参加者だった。十勝団研3年目の年で、十勝管内幕別町の「三河屋旅館」での1週間の合宿が終わり、まとめの会ではたくさんの成果と課題が示された。それらの課題について、翌年の合宿までに調査することが私の宿題となった。

当時、本田技研工業の本田宗一郎社長が、「日本の将来を担う青少年に学校生活の楽しさをより多く与え、科学技術の教材としても最大限に有意義に活用してほしい」と、全国の中学・高校1万5000校にスーパーカブやスポーツカブを寄贈していた。私が赴任した帯広柏葉高校にも贈られていたが、使われず眠ったままになっていた。このバイクを専用車にして、私は通称「帯広火山砂」の追跡を始めた。

この火山砂は、日高山脈を越えてさらに西へ進むにつれて厚さを増し、やがて調査は恵庭岳にたどり着いた。北海道学芸大学（現北海道教育大学）の地質学教室の教授だった春日井昭さんら札幌の関係者とともにさらに調査を進め、「恵庭a降下軽石堆積物」であることが解明された。そして67年、日本第四紀学会での発表の際、研究グループの最年少だった私がその成果を発表することになった。学会発表は初体験であり、大変緊張したのを覚えている。

それにしても、広い十勝平野を一人で調べるのは大変だ。そこで、帯広柏葉高校の天文同好会の生徒たちに、地質をテーマにした班を作ることを提案した。その結果、天文同好会は地学研究部に昇格した。

天文少年たちが、テフロクロノロジー（火山灰編年学）の知識をもとに段丘面区分の作業を始めた。その成果を北海道高等学校文化連盟の研究発表会に発表し、毎年賞を受けるようになった。本物の研究法を知った部員たちは、やがて北海道大学をはじめいろいろな大学の地質学科や土木学科に進学して、卒業後は地質コンサルタントなどの地質・土木関係の会社や農業経営者として活躍した。

火山灰と段丘地形の面区分調査の中で私は、火山灰が異常に厚い堆積丘陵を作っていることを考えあぐねた。十勝団研の調査で突き止めた帯広火山砂（恵庭a降下軽石堆積物En-a）が降灰した2万年前は氷河期であり、日高山脈の吹き下ろしによって吹き寄せられてできた火山灰古砂丘であると考えた（**Fig.1-2**）。

丘陵の断面を深く掘って堆積物を観察したところ、穴の深くでは未風化の白い軽石粒と角閃石などの有色鉱物がごま塩状に混ざった「恵庭a火山灰」が30センチほど堆積していた。そこから地表に向かって、比重の違う軽石と有色鉱物が分離して縞状（ラミナ）に堆積していた。縞状の軽石は地表に向かって風化が進み赤褐色化し、粒子は細かくなり、上方でのラミナの傾斜角度は顕著になって砂丘堆積の様子を示していた（**Fig.1-3**）。

砂丘の分布は帯広から南に十数キロまで広がり、車を持たないクラブ活動だけでは研究に限りがあった。そこで68年、地元の教員に呼びかけて「十勝団体研究会地元教師グループ」を組織し、数台の車を使って調査地域を広げることにした。その結果、平野中央部に約300個もの丘陵地形を確認した（**Fig.1-4**）。

その後の調査で、古砂丘の分布は南十勝の大樹町周辺にまで広がっていることが分かった。南部地域の砂丘の母材は、約4万年前の支笏湖陥没前の大噴火噴出物の支笏降下軽石堆積物（spfa-1）が十勝平野に数十センチ堆積し、太平洋からの季節風で吹き寄せられて砂丘化したものであることも分かった。

この南部の古砂丘分布調査は72年に行われ、帯広柏葉高校と、藤山広武さんが指導する帯広三条高校の地学部が合同合宿で解明した。

合宿の直前、わが家の5歳の長男が腕を骨折して入院した。2歳の次男の面倒は私が見ることになり、大樹町歴舟小中学校での合宿場へは通いでの参加になった。生徒の合宿指導は、藤山さんと帯広柏葉高校定時制理科教諭の今西幸生さんにお願いした。

車での片道1時間30分の往復時間で、私は十勝団研10周年に向けて主題曲を作ることにした。1年前の団研合宿で松井愈代表から聞いていた内容を思い出し、団研の研究成果を織り込んだ歌詞を口ずさみながら「十勝よいとこ節」を考えた。歌詞が思いついたら車を止めてメモをする。それを繰り返し、4日間の往復で10番までの歌詞が完成した。

合宿直後の団研全体合宿は大樹町の野口旅館で行われた。私はこの歌をコンパの席で披露し、好評をいただいた。以来この歌は、帯広柏葉高校地学バス学習のバスの中でも、手拍子付きで合唱されるようになった。

妻の支えでフィールドへ

十勝平野は何層もの火山灰で覆われた火山灰大地だ。十勝平野の中～南部の畠の面は波打っている。それは火山灰が季節風で砂丘化したもので、1万年前頃からの地球の温暖化で植物が復活して生まれた黒土の衣服をまとっている。

古砂丘には、約4万年前の支笏降下軽石層の砂丘が核となり、2万年前の恵庭a降下軽石が重なって複合砂丘になったものもあった。これらの砂丘調査の結果を、私は教師グループを代表して日本第四紀学会で2度発表し、連名で学会誌の「第四紀研究」に論文を掲載（70、72年）した。

火山灰が砂丘群を作る例は国内外で初のことであり、学会の関心を呼んだ。私はこの調査のために、毎週日曜日を調査日にあてた。家族のことを気にもせず当然のように家を飛び出し、帯広大谷高校教諭の大槻日出男さんを迎えに行った。大槻さんの家族はクリスチャンなので、日曜日は教会で礼拝の日である。調査活動のために夫が毎週連れ出されることに奥様は耐えかねたようで、ある日曜日、「調査に一緒に行く」ということになった。

ご家族を車に乗せて、私たちはフィールドへ向かった。昼は、妻に握ってもらった大きめの握り飯2個を分け合って食べ、早めに現場を引きあげた。またある時は、私が妻と息子を車に乗せて大槻宅へ行き、母子をそこに残して、男二人で夕方まで調査に走り回ったこともあった。妻たちに支えられて行われた調査活動だった。

「ぼく知ってる。ゾウの歯だと思う」

69年8月10～12日、地学団体研究会の全国総会が札幌の北海道大学で開かれた。13日からは、テーマごとに全道に分かれて巡検が準備されていた。十勝団研の調査活動は8年目になり、十勝平野の段丘面区分も進んでいた。

研究の成果を発表した私は、その足で十勝川下流域の地質調査をテーマに合宿場所へ向かい、調査に参加することにした。札幌での総会とコンパを終え、夜行列車「からまつ」で13日早朝に帯広駅に到着。巡検ガイド役として駅で参加者を待った。駅の待合室で、参加者の一人、北海道開発局の川崎敏さんが「ゾウの化石が出ましたね」と、臼歯の写真（Fig.1-5）と露頭のスケッチを見せてくれた。

実はその時、私は地元で化石が出たことを知らなかった。十勝地方の水質調査にあたっていた川崎さんは、半月ほど前に、帯広から50キロほど南の忠類の現場でそのことを知らされていたのだ。

「十勝でゾウの歯が出るなんて……」

私はにわかには信じられなかった。

発見場所は忠類村（現十勝管内幕別町）晩成地区だった。7月26日、道路工事作業員の細木尚之さんと恩田珺義さんのツルハシに硬いものが当たり、「くさい臭いのある変な石」が発見されたのである。

「ぼく知ってる。ゾウの歯だと思う」

この石を見てその場で発言したのは、3月に帯広市立第五中学校を卒業し、父親と一緒に現場で測量の手伝いをしていた小玉昌弘少年だった。教科書の写真を思い出したのだという。

周りの作業員は「こんな所にゾウがいたなんて……」とポカンとした様子だった。小玉少年はあらためて休みの日に帯広の書店で図版を見て、「ゾウの臼歯にまちがいない」と確信した。

次の日現場に帰り、「やっぱりゾウの歯の化石だよ」と作業員たちに伝え、また元気よく作業についた。現場の作業員も納得せざるを得なかった。発見された化石のうち一つを帯広市の武田安悦さんが、もう一つを木皿正俊さんが譲り受けた。
実はこの時、ゾウの歯であると気づいた少年のひらめきこそが大きな発見だった。この話を聞いて、私は背筋に冷たいものが走るのを覚えた。
「もし自分の教え子がそのような代物に出くわした時、どんなひらめきと行動を起こしてくれただろうか。小玉君に劣らぬ行動を起こせるだけの素地を、私は身につけさせていただろうか……」
13日に始まった巡検は私と帯広畜産大学の近堂佑弘さんが引率し、帯広畜産大学のバスで南十勝へ向かった。忠類はコースに含まれていなかったが、団研事務局の4人（小坂・春日井・松沢・山口）が武田・木皿両氏を訪問して化石を借り、合宿会場である豊頃町の公民館の大広間に持ち込んだ。
この年の団研には、ナウマンゾウを扱った経験のある京都大学の石田志郎さんが参加していた。彼は「これはナウマンゾウ上顎第3大臼歯である」と言った。8月だというのに大広間にはストーブが赤く燃え、黒板には「マンモスコンパ」という大きな文字が踊っていた。
臼歯は微細な構造までよく保存されていて、転がった形跡がまったく認められなかった。同じ所から上顎2個が出土していることから、「下顎臼歯や牙、胴体も出る可能性がある」と、一同は続く発掘への期待を強く抱いた。
幸い道路工事は17日までお盆休みだったので、業者の宮坂建設から発掘の許可をもらった。「団研の予定を変更してでもゾウを掘るべき」と意見が一致した。石田さんには、帰宅予定を延ばして発掘に参加してもらい、指導にあたってもらった。
帯広の南東にある豊頃の宿舎から発掘現場までは山道を約50キロ走らなければならない。そこまで40人もの人を運ぶのは大変だったが、14日は、豊頃町の厚意で用意してもらったマイクロバスを利用し、当初の計画通りに十勝川下流域の段丘調査をした。
事務局では、発掘、広域調査、サンプル整理、記録、写真、測量の各班を編成し発掘体制を整え、農免道路（農業用道路）を管理する十勝支庁農道整備係・藤田守さん、地元の忠類村役場建設課の技師・村中さん、工事現場業者の宮坂建設・谷口隆一さんを訪ねて、発見の報告と発掘許可を求めた。そして、臼歯2個の所有者にこの化石の重要性を説き、寄贈していただくべく交渉した。事務局会議では「金銭で買い取ることはしない」と申し合わせをしていた。両氏に交渉して快く寄贈していただいたので、持参した菓子折りをお礼に渡した。
15 日、いよいよ忠類の現場へ向かう日だ。私は帯広に戻り、帯広柏葉高校から発掘用具や梱包資材など思いつく限りのものを積み込んで現地へ向かった。参加者はすでにマイクロバスで発掘現場に着いていた。
当日の発掘の様子を十勝団体研究会編の冊子「ナウマン象のいた原野」から引用する。
「現場に着いたとたん、石田さんは付近に散乱しているゾウの牙や頭骨の破片を見つけた。ゾウの牙は、一同の予期に反して真っ黒でやわらかく、年輪のある炭化木のように見えるものだった。発掘はまず積み上げられた泥炭のより分けから始まった（Fig.1-6)。泥炭の中から肉食昆虫・クルミ・エゴノキの果実やブナの殻斗などが出てきた。待望の残り下顎臼歯は午後の作業が始まって直ぐ、教育大学の学生小泉美枝子さんのけたたましい叫び声に皆がかけ寄った。佐々木誠一さんが 3 個目の臼歯を発見したのだ。4 個目の臼歯も間もなく学生高田隆二さんによって発見され 1 体分が揃った」
その日の宿舎では、1 頭の遺体が必ず見つかるという確信のもとに、ゾウがどちらの向きに埋まっているかが話題の中心になった。
16 日は、全面的に発掘面積を広げて、泥炭層を表面から削っていった。異様な臭いを感じながら掘り進めると、ゆるやかにカーブした牙が姿を現した。
表面の泥をはぐと、それは新鮮なワイン色で、神秘的な艶をもっていた。しかし、大気に触れると、みるみるうちに黒ずんでいった（Fig.1-7)。
牙は、泥炭層を皿代わりにして大きな塊として掘り上げ、宿舎に運び込んだ。報道関係者が 2 本の牙を撮影し、その写真が翌日の紙面を飾った。
17 日は崖面下層に左上腕骨と左尺骨を追加発掘し、崖の中には体一体があることを予測して発掘を終了した。アッという間に過ぎた 5 日間だった。

10 万年前の落とし物

夜の話題は、ゾウ 1 頭をこれからどう掘り出すかで盛り上がった。そこに、予期せぬ問題が発生した。
広尾警察署から「埋蔵物拾得届」の提出を求められたのである。「拾得物」とは「落とし物」である。化石は十勝平野温暖期のピラオトリ層（Fig.1-8）に対比される約 10 万年前のホロカヤントウ層からの発見であり、「その落とし主はだれか？」というわけだ。

私は後年、忠類村に近い更別村の旧石器文化「勢雄遺跡」の発掘に参加したことがある。堆積する火山灰の種類と年代を特定し、遺跡の時代を決めるのが私の役割だった。石器の水和層の年代や黒曜石の放射年代測定を突き合わせても、3万年を超える数字は見当たらない。半ば笑い話ではあるが、忠類ナウマンゾウの落とし主として旧石器人が現れるとは到底思えないのである。

標本をなんとか地元に残したいと考えた忠類村の中川敏晴教育長が十勝教育局に相談し、地元出身の畠山主事が広尾警察署に問い合わせた結果、警察署からの指示になったというわけだ。

過去を振り返ると、地方で発掘される出土品がすべて東京など中央へ持ち去られ、地元の人々の目に触れる機会がほとんどないことへの不満があった。研究の美名のもとに中央に持ち去られたまま、地元に対するサービスがまったく忘れ去られていたのだ。

地元の援助を受けて活動していながら、報告書をまとめただけで地元への恩返しは終わりとするのは研究者の身勝手であろう。「地元のために何かを残すことこそ団体研究の方針であり義務」であることを十勝団研は再確認した。

この「拾得物事件」が教訓となり、合宿場での討論の結果、以下の三つの基本姿勢を申し合わせた。

(1)ナウマンゾウの全骨格を十勝団研の手で発掘する。この貴重な標本は、もっともよい条件下に保存されること。

(2) 地元の気持ちを尊重し、郷土への関心をいっそう深めるように努力する。

(3) 北海道開拓記念館が北海道の地学・考古学・動植物センターとしての役割をはたせるように協力する。

これを受け、十勝団研会員の一人で、2年後に新設される北海道開拓記念館（現北海道博物館）の学芸部長に予定されていた北川芳男さんが以下の提案をした。

「ナウマンゾウの発掘・研究を十勝団体研究会に委嘱し、記念館の事業として取り組みたい」

私たちは、この申し入れを受け入れ、以後、開拓記念館の忠類ナウマン象記念館建設・展示への協力体制が今日まで続くことになった。北海道からは、この発掘調査のために250万円の助成が約束された。

翌年、調査団の資金不足を心配した藤本国夫・志田病院理事長から100万円の寄付をいただいた。日高管内浦河町の種本石材からは石碑を寄贈され、72年（昭和47年）12月22日に除幕式を行った。

次に、掘り上げたこれらの標本の当面の保管・管理場所について検討した。ところが、問題は化石から離れた所で発生していた。

この年は、翌年の70年日米安全保障条約の批准延長への反対運動とアメリカ全土で行われているベトナム反戦運動と呼応し、大学運営の民主化などをスローガンに、全国の大学で学園運動が激しく展開されていた。十勝団研の代表者である松井愈さんの所属する北大教養部校舎は、化石の安全を確保できる環境ではないと判断された。そこで、帯広柏葉高校に運ばれ、私が管理することになった。

8月17日、帯広柏葉高校地学実験室に標本を運び込み、ナウマンコーナーを設置して、記念すべき十勝団研の合宿は終了した。

黒い臼歯が真っ白に!?

翌年に予定されていた本発掘には、ナウマンゾウの研究者、京都大学の亀井節夫先生を指導者に迎え入れようと考えていた。そして10月9～12日に、予備調査として京都から亀井節夫、石田志郎、東京から井尻正二の3氏が標本観察と現地視察のために来道した。

現地調査中、道路側面に左肩甲骨を発見（**Fig.1-9**）。残りの体幹骨格が埋没している可能性が極めて強いことが予想された。亀井先生は、化石補強の強化剤としてエポキシ樹脂エポダイトのA・B液を持参し、2：1の割合で調合して同量程度のシンナーで薄め、化石の補強に使う方法を、帯広柏葉高校地学研究部の1年生10人に直接指導された。

以後、地学研究部では、化石を包む泥炭を除去し強化液を塗布する作業を進めた。しかし、樹脂は化石表面ですぐに硬化して被膜を作るため化石の中まで浸透しにくく、部員たちの頭を悩ませていた。

そこで、シンナー液の量を多くして薄めの溶剤にして、泥を剥がしたらすぐに溶剤を塗布する方法をとった。

その次に出た案は、細い錐（きり）で穴を開けてピペットで注入する方法だった。上腕骨と切歯には、十数カ所に穴を開けて注入した。

実験室はガラス窓一重で、厳冬期には氷点下20度以下にもなるため、化石の凍結が心配された。日中の暖房用ルンペンストーブの熱が化石を乾燥させるため、乾燥による亀裂が生じる可能性もあった。そこで、補強のために石膏を流して膨張を抑えることにした。この石膏は後に、牙の複製を作る鋳型として利用することができた。

困ったのはシンナーの臭いである。授業に来る生徒から「頭が痛くなる」などと訴えられたため、窓を開放して空気を循環させた。樹脂が浸透しきらない段階で作業を中断したが、室内の臭いはなかなか消えなかった。

4個の臼歯のうちの一つは3先生が来校した10月にデシケーターの中でアルコール漬けにし、残りの3個はエポダイトを注入、塗布した。

臼歯3個はとてもいい教材だった。全日制8クラス、定時制2クラスの教室に持ち込んで、臼歯の上下・左右の区別や、ナウマンゾウとマンモスゾウの違いを解説し(Fig.1-10)、その歯の収納箱が必要だという話をした。すると、家具職人をしていた定時制の一生徒が、「俺が作ってやる」と言って臼歯3個用に骨箱(標本箱)を作製してくれた。きれいにニスまで塗って! お礼に成績評価を上げたような気もするが忘れた。

実は亀井先生には薬品塗布の件で相談の手紙を送っていたが、一向に返事が来なかった。先生は京都大学の学生運動の対応に追われていて、手紙を開封する暇もなかったのだった。

冬休みの間、化石の安全のために、箱入りの3個の臼歯を私の自宅で保管することにした。

公宅は鉄筋コンクリート造りで保温性の高い建物である。正月には地学研究部の卒業生が遊びに来るのが恒例だった。ある日、箱入りの臼歯を取り出して見せようとすると、真っ黒のはずの臼歯表面は真っ白で、手ざわりは真綿のようにフワッとしていた。その豹変ぶりに、またもや背筋に冷や汗が走った。

風呂場に持ち込んで、水を掛けてたわしで白いものをこすり落とした。それは、臼歯の表面に塗布した有機溶剤のエポダイトに生えたカビだったのだ。洗うと元の色に戻ってホッとした。

ナウマン速報第1号

本体の発掘は5月初旬に行う予定だったが、3月中旬の大雪で雪解けが大幅に遅れたため、6月下旬からの1週間ということになった。たくさんの若者にこの化石発掘を体験してもらおうと、地学団体研究会の機関紙を通じて会員に呼び掛けた。その結果、171人(大学生80、高校生33、教師13、研究者27、一般6、役場職員12)が全国から集まった。

忠類村唯一の田中旅館は12人も入ればいっぱいだ。2軒のお寺(蓮生寺・

洞雲寺）と研修センター、テント３張りを用意して合宿生活を始めた。

事務局の任務分担は、団長＝松井愈、渉外報道係＝亀井節夫・松井、宿泊・食事係＝木村方一・松沢逸巳、会計係＝小坂利幸・大槻日出男、普及販売係＝田中実・藤山広武とした。

初日の６月25日、雨のなか忠類へ向かう木村の車中で大槻さんがつぶやいた。

「参加者たちへの連絡情報紙のようなものがあったらいいのでは？」

それを聞いて、私は車を大槻宅へ引き返し、ガリ版と鉄筆を積み込み、事務局に「速報係」をつくることを提案した。初日から大槻さんの手による情報発信が始まった。

紙面には、連絡記事から毎日の発掘成果までを掲載し、新聞記者たちがこの紙面から記事を拾うほど充実した内容になった。普及販売係と一体になり、小久保公司さん、小林保彦さんも加わって取材・編集・ガリ切り・印刷・配達という係を受け持ち、１週間でなんと21号を発行した。役場には輪転機はなく、謄写版手刷りで１枚１枚刷り上げ、印刷部数はやがて1000部を超えるようになった。

初日から、発掘現場作り（崖面の砂利層の除去）のために先発隊がテントを張り、トラクターによる作業の指示が始まった。すると早くも、地質調査所（現産業技術総合研究所）の山口昇一さんが、取り除かれた排斥土の表面から小さな臼歯１個を発見した（**Fig.1-11**）。

前の年に、臼歯は４個１体分が見つかっているので、「もしや２頭目の臼歯では？」とか、「ラメラ（臼歯の咬板）がすり減っていないので、子ゾウのものでは？」などという話題で盛り上がりながら、亀井先生の到着を待った。そして、この発見が「ナウマン速報第１号」のトップ記事となった。

その標本の産出層を疑う者はだれもいなかった。前年のものと同一層だと思い込んでいた。

その日の夜午後８時から結団式が行われた。参加者は71人。雨は上がり、美しい夕焼けが日高山脈の山並みを照らしていた。

速報の２号にはこんな句が読まれていた。

「忠類のゾウは招くよ雨上がり　夕焼け雲のあかきたもとに」（忠類ガエル作）

化石骨の全貌

翌26日も準備整地作業が続いた。そして27日午前10時から、現地で松井十勝団研代表、門崎忠類村村長、白木村議会議長によって鍬(くわ)入れが行われた（Fig.1-12）。

あいさつに立った亀井先生が「ちょうど私が立っているこの下に埋もれているナウマンゾウ発掘の大事業をやり遂げていきます」と宣言し、松井代表は「力を合わせて頑張りましょう」と決意を述べた。参加者を代表して、帯広柏葉高校の地学研究部部長・砂原健二君が決意表明をした。

「私たちはこれから1週間、団研精神にのっとって頑張ります」

午前11時から、五つの班に分かれて発掘作業を始めた。そして翌日、予想通り、ナウマンゾウの全身が現れた（Fig.1-13）。右大腿骨は地面に対してほぼ水平だったが、脛骨は垂直、腓骨は斜めだった。脛骨の下には足根骨や指骨の残片が確認されている。これは、右後肢の膝から、下部がぬかるみに落ち込んだ状態であったことを示していた。

腰椎は尻もちをついたような状態で埋没していた。右後ろ脚を泥炭のぬかるみに取られて右半身を下にして前のめりになり、右前肢は肘を折り曲げ、上面の左半身は泥炭に埋没することなく、腐敗して下流へ移動していた。

頭骨の向きは、切歯や臼歯の位置が左右逆になっている。これは「死後において頭部と左半身が泥の外にしばらく放置され、腐敗し、水流によって頭部が逆転した」ものであるというのが亀井先生の解説だった（Fig.1-14）。

一同は、倒れ行くその姿を想像して、さまざまな話題を口にした。そして亀井先生からは、「小型の5個目の臼歯は、次に萌出してくる第3大臼歯であり、4個の保存の良い臼歯は、第2大臼歯を持った青年ゾウのもの」であると説明されたのだ。

化石骨の全貌が明らかになるばかりでなく、化石骨の包含層からオニグルミやエゴノキの実やブナの殻斗も発見された。これは、現在の忠類より温暖な気候だったことを示していた。ゾウのまわりにはこれらの木が茂り、アヤメの種子が見つかれば水辺にアヤメの花を咲かせ、オサムシ、ハムシなどの昆虫が見つかるとゾウのまわりにこれらの虫が飛び交い、肉を食べていたのだろう ── と、ゾウをとりまく自然環境が次々と明らかになった（Fig.1-15、16）。発掘の様子は連日、新聞・テレビで全国に向けて報道された。

9年目の成果

一方、拾得物届提出問題はケリがついたわけではなかった。本発掘の最中に警察の係官が現場に来て、「昨年のはよいが、今年の分は研究の余地がある」と言ってきた。時の坂田道太文部大臣は発掘品を「文化的に貴重なものであるから、この標本を上野公園の国立科学博物館に置きたい」とまで発言した。

率直に言って、このようなセンスが改まらないかぎり、日本の地方文化の向上は期待できないということをいやというほど思い知らされた。私たちは、標本そのものを地元に展示できないとしても、模型を地元に残すぐらいは行政当局として当然なすべきであろうと語り合ったものである。

現場には連日数百人の見学者が訪れ、千人を超える日もあった。普及販売係の佐藤博之・近堂祐弘両氏は多忙を極めた。それでも、子どもたちのほころぶ顔が疲れを忘れさせてくれた。

地元の男子生徒はこんな感想を口にした。

「忠類という小さな村に、よくもこんなゾウの化石が発見されたものだ。きっと全国に知られる村になるだろう。忠類に生まれてよかった」

ある女子生徒は「骨などをよく砕かないように丁寧にとっている人々の苦労がしみじみと感じられた」と言った。

見学に来ていた地元の小学生・鎌田浩君は当時5年生。50年経った今、幕別町（旧忠類村）の教育委員会係長として、忠類ナウマン象記念館の運営と発見50周年記念行事の企画をリードした。

発掘中は好天が続き、汗まみれの毎日だった。村には銭湯がないので、国鉄職員の共同浴場と村中の民家25軒のご厚意で汗を流した。発掘は村民上げての一大イベントであった。

7月3日、最後の標本を石膏で固め、木箱に納めてトラックに積み込んだ時、にわか雨が降り注いだ。ゾウと発掘参加者と村人全員のいろいろな思いのこもった涙雨に違いなかった。

「北海タイムス」はその日の社説で以下のように記していた。

「九千平方キロに及ぶ十勝平野は単純な沖積平野ではなく、段丘や扇状地が複雑に重なり合った台地平野だが、この地質調査、地質構造の解析は、9年前から十勝団体研究会によって行われてきた。その業績があってこそ忠類ナウマンゾウを、氷期にまでさかのぼって再現できるのである。この団体の人たちが今度の発掘でも主役になったが、全国的な注視のうちに行われたこの発掘は、参加した専門学者以外の多くの『助手』たちにとって、科学の方法を考えるまたとない機会であったに違いない。この人たちが第2第3のナウマンゾウを掘り出してゆくのである」

また、私が師と仰ぐ北大の湊正雄教授は「北海道新聞」のコラム「魚眼図」で、「象化石と亀井教授」と題してこうつづった。

「いま忠類は象の発掘で湧きたっている。成功は、端緒となった工事現場の作業員をはじめ、現場に立ち会った開発局の方々、発掘の参加者、村の人々など全員のものであり、道庁をはじめ各方面の方々の支援の賜であろう。去る日『ついにでました』という電話が亀井君から早朝に拙宅にかかってきた。この発掘調査隊は良い指導者にめぐまれたというべきであろう」

南十勝の同人会「ナウマン吟社」の句集に、村民のナウマンゾウへの思いが詠まれている。

ナウマン象　過疎地賑わう　青葉径（岡田竹翠）
またたびや　ナウマン象を　刷毛で掘る（渡部一穂）
遠き世の　象骨を掘る　背に汗し（佐藤紅霞）
ナウマンの　話題残して　山眠る（三宅隆子）

化石は、前年発掘して、帯広柏葉高校で保管していた牙・臼歯などの標本とともに、研究のために京都へ運ばれた。いつの日か研究を終えて、北海道開拓記念館と地元忠類村に立ち上がったナウマンゾウの姿で戻ることを期待して、一同は見送った。

後日、帯広柏葉高校に残された土塊の中に、ある生徒が光る破片を発見した（Fig.1-17）。歯の表面と思われたので、帯広畜産大学に持ち込みX線分析をした。結果は、エナメル質の主成分のハイドロキシアパタイトであることを示した。

その形は、帯広市動物園で死亡したヘラジカの頭蓋・歯とよく似ており、偶蹄類と推定された（後に高桑祐司さんによってオオツノシカの歯と報告された）。ナウマンゾウと一緒に、十勝平野に生きていたのだ。

その後、78年に亀井先生によってナウマンゾウのモデル標本として発掘産状論文がまとめられ、十勝団体研究会発行の研究論文集「十勝平野」に掲載された。復元されたモデル標本は、北海道開拓記念館と忠類ナウマン象記念館（幕別町）に展示（Fig.1-18、19）されたほか、22体もの標本が国内外の博物館に展示されている。

40年目の疑問

発掘当時12歳で福岡県の小学生だった高橋啓一少年には、忠類ナウマンゾウの発見のニュースは届いていなかった。化石に興味を持ったその少年は日本大学文理学部応用地学科に進学し、卒業後、亀井先生のもとでゾウの研究に励んだ。そして日本歯科大学の教官になり、長野県野尻湖でのナウマンゾウの発掘行事に参加し、リーダーの一人となった。

その後、琵琶湖博物館に勤務して研究を深めた高橋さんは、忠類ナウマンゾウの臼歯標本を観察して、ある疑問を抱く。70年の発掘初日に山口昇一さんによって発見された小型の第3大臼歯の咬合面の模様から、「ナウマンゾウではなくマンモスに近似している」と考えたのだ。

発見者の山口さんに発見当時の状況を聞くと、ナウマンゾウ本体を包含している泥炭層より上位の地層の排除作業中に、排土の表面に転石として発見されたものだということが分かった。だが当時は、産出層への疑問を見落としていた。

高橋さんの指摘によって、この現場ではナウマンゾウとマンモスゾウの2種類のゾウが発見されたのではないかということになった。ナウマンゾウのものとされた第3大臼歯が消えたことで、忠類ナウマンゾウの4個の第2大臼歯についても疑いが生まれた。

北海道博物館に保存してある体幹骨格を、ゾウ年齢と骨格の成長について研究していた北川博道さんとともに高橋さんが観察した結果、恥骨の結合が高齢化していることなどから「50歳程度の成年ゾウ」と結論づけた。「忠類ナウマンゾウの4個の臼歯は第3大臼歯である」と解釈したのだ。「師を超える」という言葉があるが、まさに高橋さんは新しい着眼点を持ったのである。

北海道博物館と協力して、高橋さんが、マンモスゾウ臼歯に付着する物質の炭素分析AMS^{14}C年代測定を行ったところ、「42,850±510BP」という結果が得られた。忠類ナウマンゾウの年代として推定されている「約10～12万年前」とは大きく異なる値である。

マンモスゾウはナウマンゾウより上位層から産出したのだ。その時代は、支笏湖陥没前の約4万年前の大噴火より少し前だ。大噴火がマンモスゾウの絶滅を呼んだのだろうか？　高橋さんと北海道博物館学芸員らは「忠類ナウマンゾウ産出地点の再調査」に取り組み、2010年に報告書を出版している。

マンモスゾウの化石分布は、日本列島では北海道以北に限られている。

石狩平野の北広島市の採石場でもマンモスゾウとナウマンゾウの化石が発見されている。他にも、襟裳岬近くの段丘崖や空知管内由仁町の段丘礫層の中、羅臼から根室に通じる海底からマンモスの臼歯が見つかっている。北海道のゾウ類の生態を思い浮かべ、北海道にゾウが群れる太古の姿を想像したくなる。

相次ぐ化石発見 —— 足寄

忠類ナウマンゾウ発見のニュースは､道民の化石への関心を一気に高め、新しい発見を呼んだ。

1970 年、宗谷管内中頓別町に住む小学 4 年生の森川健一君と友人の 2 人が、遊び場のペーチャン川の河床でデスモスチルス（*Desmostylus*）の臼歯 2 個と大腿骨、末節骨などを発見し、宝物にしていた。

同じ年、留萌管内羽幌町の化石マニア・和田吉信さんが、デスモスチルスの臼歯 1 個を発見（Fig.1-20）。道東の釧路市阿寒町知茶布でも同じく臼歯 1 個が発見され、後に道教大釧路校の岡崎由夫教授によって学会誌に報告されている。

忠類の発掘を終えた十勝団研は、秋の十勝平野の調査中に十勝管内の池田町美加登や幕別町稲志別でクジラ肋骨を発見した。

翌 71 年、池田町様舞小学校 6 年生の家才子智恵子さんが通学路脇の礫層中から骨片を発見し、帯広柏葉高校に通学する智恵子さんの兄が私のところに持ってきた。それは海綿質の発達した骨格の一部だった。次の日曜日、地学研究部のメンバーが平板状の頸椎 2 個と胸椎 1 個を発掘した（Fig.1-21）。翌年には 10 メートル離れた場所の同じ地層で肋骨も発掘し、これらは一体のものと思われた。頸椎が分離していることから、ヒゲクジラ亜目ナガスクジラ科と推測された。

この年、道北の歌登町（現宗谷管内枝幸町）国鉄線トンネル工事現場でデスモスチルスの臼歯を含む頭蓋骨が発見される。72 年には、池田町千代田の丘陵 140 メートルの地点で、北大大学院生の岡孝雄さんが発見した柱状の標本を、帯広柏葉高校地学研究部が発掘した。

標本は、クジラの右下顎骨の関節突起から、86.5 センチ長の下顎中央部までのもので、それを京大の亀井研究室に持ち込んだ。私は、1868 ～ 79 年にパリで出版されたクジラ図鑑の絵に照らしてコイワシクジラに近いと見ていたが、その後のヒゲクジラ亜目の下顎骨の特徴を比較・研究して、コククジラ科のものであると訂正・報告した（2006 年）。（Fig.1-22）

76 年、北大大学院生の木村学さんは、十勝管内足寄町の茂螺湾で地質調査中に、異様な歯と肋骨を含む化石を発見した。指導教官の松井愈氏に報告したところ、松井氏から私に「発掘体制の準備をするように」との指示があり、かつて帯広柏葉高校の地学研究部部長だった吉田秀敏さんの紹介で、足寄の土木現業所関係の宿舎に合宿して発掘にあたった（Fig.1-23、24）。

化石は束柱目のパレオパラドキシアを思い起こさせる標本で、詳しい研究が待たれた。標本は北大の松井研究室に運ばれた後、足寄町に移され、発掘当時、足寄町教委社会教育課長として発掘に協力した江口健一郎さんが、町嘱託社会教育指導員としてクリーニングとレプリカ制作に取り組んだ。化石の研究は東京大学の犬塚則久さんに託された。

この化石の発掘を見学していた地元の矢吹勝家さんは、農作業のかたわら、化石が発見された茂螺湾川上流の河原や崖を見て歩き、次々と化石を発見して教育委員会に届けた（Fig.1-25）。多くは、デスモスチルス類とは掛け離れたクジラ類と思われる頭蓋骨だった。

テレスコーピング（鼻腔の後方移動）の進んでいない頭蓋標本は歯が並び（Fig.1-26）、テレスコーピングの進んでいる標本の歯は円錐歯が並んでいた（Fig.1-27）。他にデスモスチルス類の新たな 1 体も発見した（Fig.1-28）。

その後、化石発見地域の地質調査を松井氏が進め、後期漸新世の茂螺湾層（2800 ～ 2400 万年前）であると報告した（Fig.1-29）。犬塚さんは長年の研究の結果、デスモスチルスを従来型のものではなく新属新種とし、木村学さん発見の標本をデスモスチルス科アショロア属の新種ラチコスタ（Fig.1-30）と命名した。矢吹さんが発見した標本は、パレオパラドキシア科ベヘモトプス属の新種カツイエイと命名され、足寄町茂螺湾は「世界の束柱類発祥の地」と呼ばれることになった（Fig.1-31、32）。

クジラ化石は、私と澤村寛さん、古澤仁さんが米国ロサンゼルス郡立自然史博物館のローレンス・バーンズ博士との共同研究で分類にあたり、アメリカ西海岸産の標本と比較しながら、4 個の頭蓋をそれぞれ別属・新種とした。一体は全身骨格の保存も良好で、頭蓋はヒゲクジラの形質を持ちながら歯は多数並んでいたことからアエティオケトゥス科の新種と分類し、アショロカズハヒゲクジラと呼ぶことにした（Fig.1-33）。94 年の国際地質学会で 3 属 4 種を報告し、「The Island Arc」に共著で投稿した（Fig.1-34）。

足寄動物群を産出した茂螺湾層は北方へ広がり、網走付近では常呂層と呼ばれている。その地層から 87 年 11 月、能取湖に注ぐ卯原内川の河岸で、地質コンサルタント会社に勤める富岡敬氏が異様な化石ブロックを発見し、社長の加藤孝幸氏から研究材料にと、私が所属していた北海道教育大学の地質学教室に提供された。学生の桜井和彦君が卒論テーマとしてクリーニングを開始したが、これまで経験してきた哺乳類のどれとも合致しなかった。

作業を進めるうちに、私たちは、年末にソバ出汁を取るために丸ごと煮込んだ鶏ガラの合仙骨を思い出すことになる（**Fig. 1-35**）。鳥類だったのだ。足の指として、地上歩行に適した3本の指が癒合した形体の束根中足骨が現れた。

この化石研究を完結させるため、桜井君は大学院の1期生として研究を継続させ、化石の特徴を記述した。その後、ワシントン大学のGoedert, J. L氏によって比較研究が行われ、PLOTOPTERIDAE（プロトプテルム科）の新属・新種としてホッカイドウムカシオオウミウと命名され世界に公表された。標本は足寄動物化石館に保存し、復元の姿で展示してある（**Fig. 1-36**）。

足寄ではその後も、矢吹さんによって化石発見が続き、さらなる研究が待たれている。私は、足寄で発見される化石群は世界に例を見ないユニークな化石集団であることを富田秋雄町長（当時）に報告し、博物館の建設を提案した。加えて、準備のために学芸員の採用もお願いした。富田町長はすぐに理解を示してくれ、亀井先生も推薦する澤村さんが着任した。

98年には「足寄動物化石博物館」がオープンし、その後、学芸員を3人に増員して活動を行っている。レプリカ作製メンバーが継続して町外の標本の作製も手掛けるなど、道内の化石博物館の中でも先駆的活動を展開している。

91年8月に帯広市の化石収集家・井上清和氏が大樹町歴舟川で発見した「タイキクジラ」の標本もここに収蔵されている。島根大学出身の江頭史郎君が道教大大学院生になり、私の元で研究を進めた。江頭さんは、ロサンゼルス自然史博物館とワシントンのスミソニアン自然史博物館の標本と比較し、ヒゲクジラ亜目ケトテリウム科であると特定した。その後、この標本は田中嘉寛、澤村寛、安藤達郎の各氏によって再研究され、新種*Taikicetus inouei*と分類され国際誌に発表された。

Fig.1-1

平板測量で砂丘地形を計測する帯広柏葉高校地学部員（帯広市川西）
作成した砂丘の地形図は長円形であり北西～南東に軸を持っていた。砂丘地形の頂点は南東側に寄っていた。これは大型の砂丘であるが、小型のものが接続してウナギがうねっているようなものもあった。この測量技術は後輩に引き継がれ、のちの忠類ナウマンゾウ発掘露頭の記録時にも、帯広大谷高校・田沼譲教諭指導の元で活用された。

Fig.1-2

大型古砂丘の半分が切り取られた姿（帯広市川西）

平野に点在する丘陵はカシワの林で、5月の連休明けごろまでは枯れた葉をなびかせているが、耕地面積を増やすべく掘削される。畑の白砂は、掘り出された未風化の恵庭a降下軽石堆積物（En-a）（春日井ほか、1968）である。

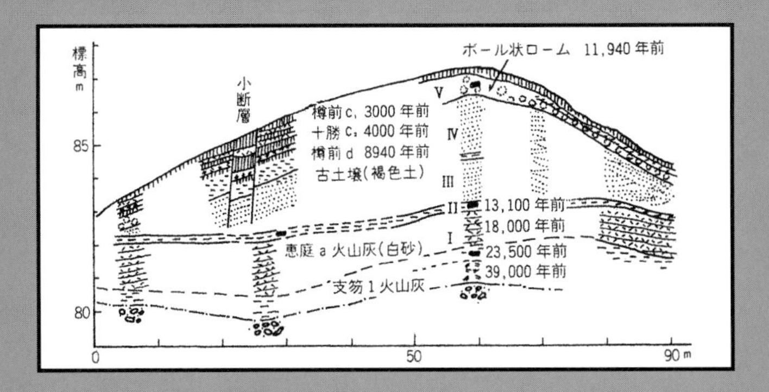

Fig.1-3

恵庭火山灰古砂丘の層序と年代（帯広市稲田）

断面の砂の積み重なり方を見ると、基底の段丘礫層の上に支笏降下軽石堆積物（spfa-1）、ゴマ塩状の未風化の恵庭a降下軽石堆積物（En-a）、ローム層を挟んでその上位では恵庭軽石層の角閃石などの有色鉱物と軽石が分離して縞目模様のラミナを形成し、軽石は風化して細粒になりながら砂丘地形を「大型化」させている。ラミナの傾斜角度は北西になだらかで、南東に急傾斜であり、砂を移動させた風の方向は日高山脈から吹き降ろす北西からの風だったことを示していた（木村ほか、1970）。

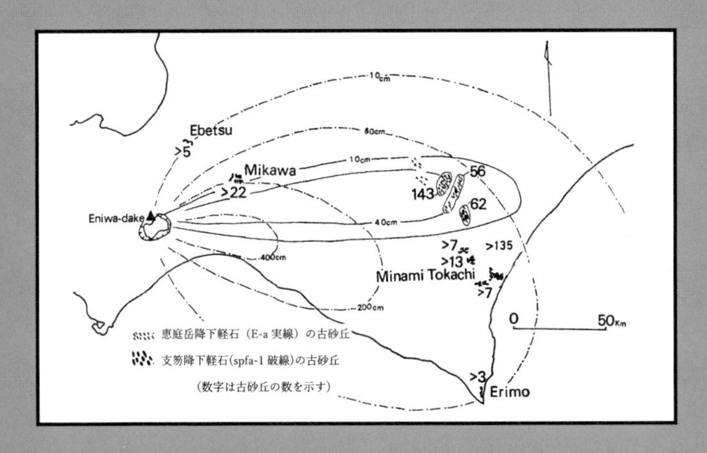

Fig.1-4

支笏火山群の降下軽石堆積物と古砂丘の分布

破点線の曲線は約4万年前に堆積した支笏降下軽石堆積物（spfa-1）の分布曲線である。支笏湖陥没前の大噴火によるものでその規模は大きく、十勝平野中南部では40～60センチも堆積している。実線の分布曲線は、支笏湖が形成された後の恵庭岳形成期に噴出した恵庭a降下軽石堆積物（En-a）で、西風に乗って十勝平野の中央部に向かって運ばれた。これらの降下軽石が、平野中央部では日高山脈からの北西の風によって、平野南部では太平洋からの季節風によって吹き寄せられて古砂丘を形成した。数字は古砂丘の数を示している（木村ほか、1972）。

Fig.1-5
最初に発見された 2 個の上顎臼歯
先端がとがっているのは歯根である。臼歯の歯根側は象牙質からなる。咬合面側は硬質なエナメルで被われているのに対し、破損しやすい象牙質が破損なく発見されているということは、地層中での移動がなく、この場所に埋没していたことを示していた。頭骨や牙の破片が一緒に発見されており、ここが埋没場所であることを暗示した。

Fig.1-6

忠類ナウマンゾウ、初日の緊急発掘

京都大学の石田志郎さんは、盛り土の中からすぐに、散乱しているゾウの牙や頭骨の破片を見つけた。参加者は恐る恐る発掘現場の土を寄せて破片を拾い、盛り土を取り除き包含層に達した。

Fig.1-7　良好な保存状態で露出した 2 本の牙
先端を地下に向けており仰向けの状態である。臼歯の発見位置に頭骨があった。頭骨は、工事の側溝掘りの際に 4 個の臼歯と牙の歯根側数10 センチが破損され、道路面に掘り上げた土中に散乱していた。それらの骨片を採取した。その後の牙の発掘は、下部の泥炭を皿状にし、表面を石膏で補強して掘り上げた。

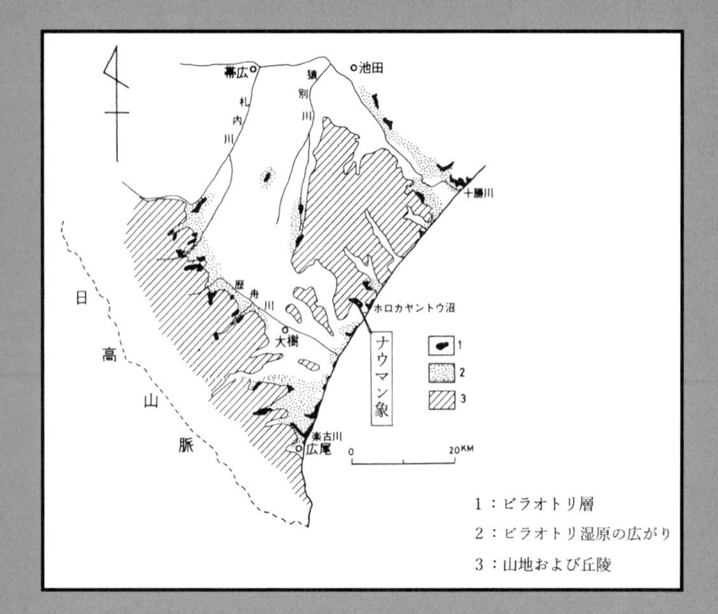

Fig.1-8

ビラオトリ層の広がり

ナウマンゾウが埋もれていた泥炭層はホロカヤントウ層と命名された。十勝平野南部に広く分布するビラオトリ層に対比される地層だ。堆積当時の十勝平野は温暖・湿潤で、湿原が広がっていたことを示している（十勝団体研究会、1978）。

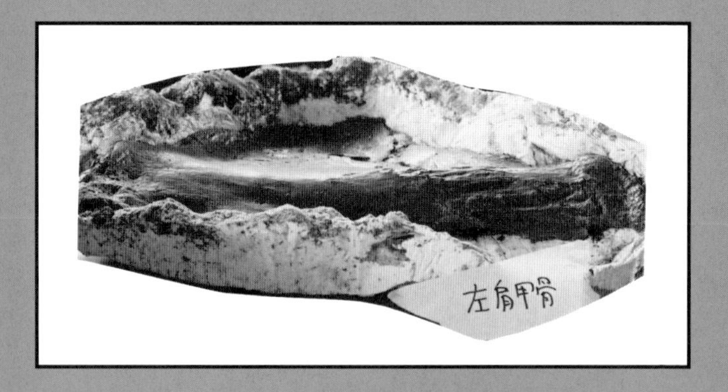

Fig.1-9

左肩甲骨

左前脚の上腕骨、橈骨、尺骨は、8 月の緊急発掘で道路側溝横の崖面底部から発掘していたが、10 月 10 日の予備調査で、完成した道路側溝横、のり面下部に露出していた左肩甲骨を発見・発掘した。これで、左前脚の大きい部分がそろうことになった。

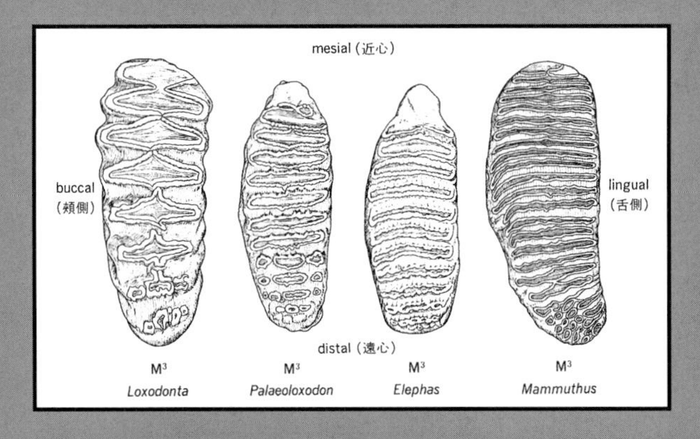

Fig.1-10
ゾウ科の右上顎第 3 大臼歯の比較（咬合面。図の上が前）
左からアフリカゾウ、ナウマンゾウ、アジアゾウ、マンモス。臼歯は数枚の咬板（ラメラ）の接合によって形成されているが、咬板の形が種によって図のような違いがある（後藤仁敏・大泰司紀之編『歯の比較解剖学』1986)。いずれも第 3 大臼歯だが、マンモスのラメラは薄く平行で枚数が多い。アフリカゾウはラメラの枚数が少なく、菱形で真ん中が前後に膨らんでいるのが特徴。この膨らみをロクソンタプリカという。ナウマンゾウではラメラ数はアフリカゾウよりは増え、若干のプリカの発達がみられる。アジアゾウとマンモスはプリカの発達はなく、滑らかな咬板模様を示す。

Fig.1-11
未成長の第 3 大臼歯と考えられた臼歯
咬板の模様が平行状でロクソンタプリカの発達が認められないことから、のちにナウマンゾウではなくマンモスの臼歯と鑑定された。歯ラメラの間に付着していた炭化物から年代を調べた結果、42,850±510BP であり、忠類ナウマンゾウの年代の約 12 万年前とは大きく異なっていた。マンモス時代を代表する標本になったのだ。

Fig.1-12

鍬入れ式

1970 年 6 月 27 日、村長をはじめ発掘参加者や報道陣など 130 人を集めて鍬入れ式が行われた。亀井節夫団長のあいさつに続き、松井代表、門﨑村長、白木村議会議長によって鍬がおろされた。

Fig.1-13

ナウマンゾウ一体の産出状況

発掘は移植ゴテをドライバー、炉箒に持ち替えて繊細な手作業によって進められ、きれいな骨面が現れてきた。発掘と硬化樹脂の塗布作業が並行して進められた。国内でこれほど保存状態の良い産出は初のことで、あとの作業は経験豊かな亀井先生率いるゾウ団研のメンバーに託すことになった。触りたい気持ちを押さえ切れずに不満を言う参加者もいたが、どうにか理解を求めて作業は完遂した。

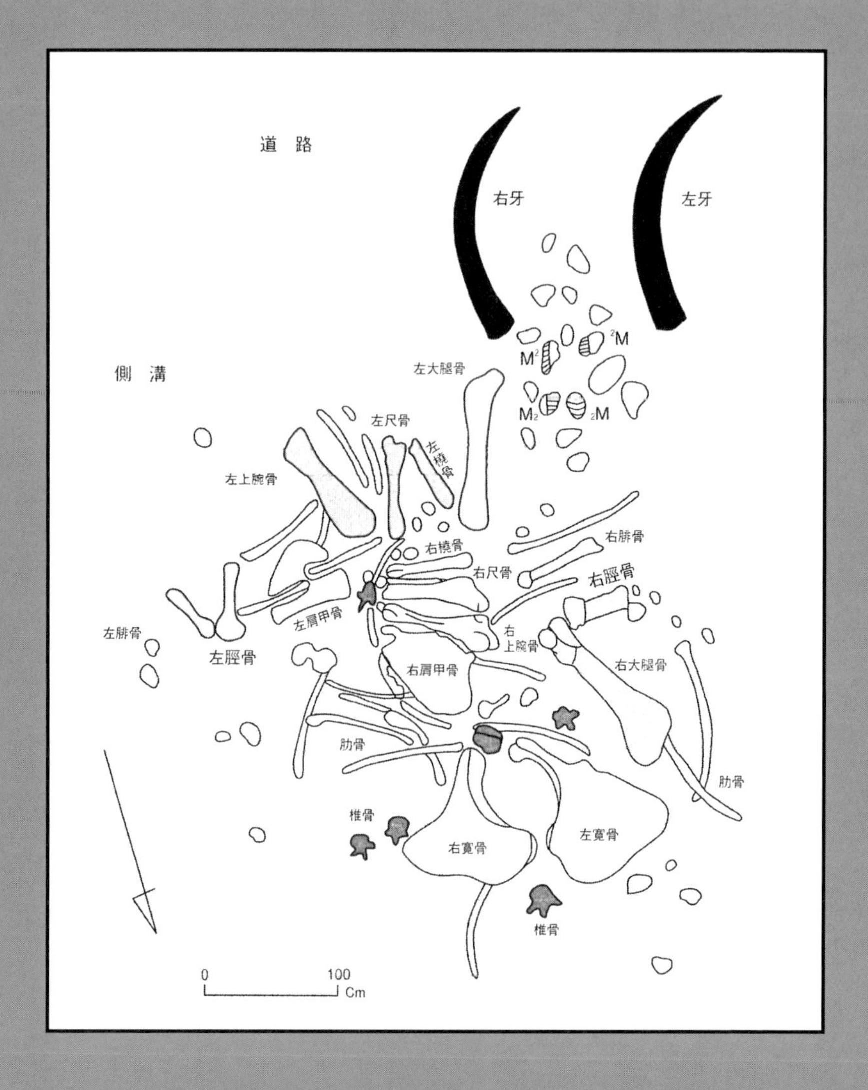

Fig.1-14

全身骨格の産状図

右大腿骨は水平で、膝を直角に曲げて地面に突き刺し、その先には指骨や足根骨が確認された。右前肢は肘を折り曲げて前のめりの姿勢で泥炭層に埋まっているが、左半身の手足は泥炭に埋まることなく、腐敗して分離し、下流に移動していた。頭は水流で反転していた（亀井、1971）。左右の寛骨が逆に位置していることから、高橋啓一（2010）は新たな埋積の姿を提案している（化石研究会会誌特別号「ナウマンゾウ産状の再検討」）。

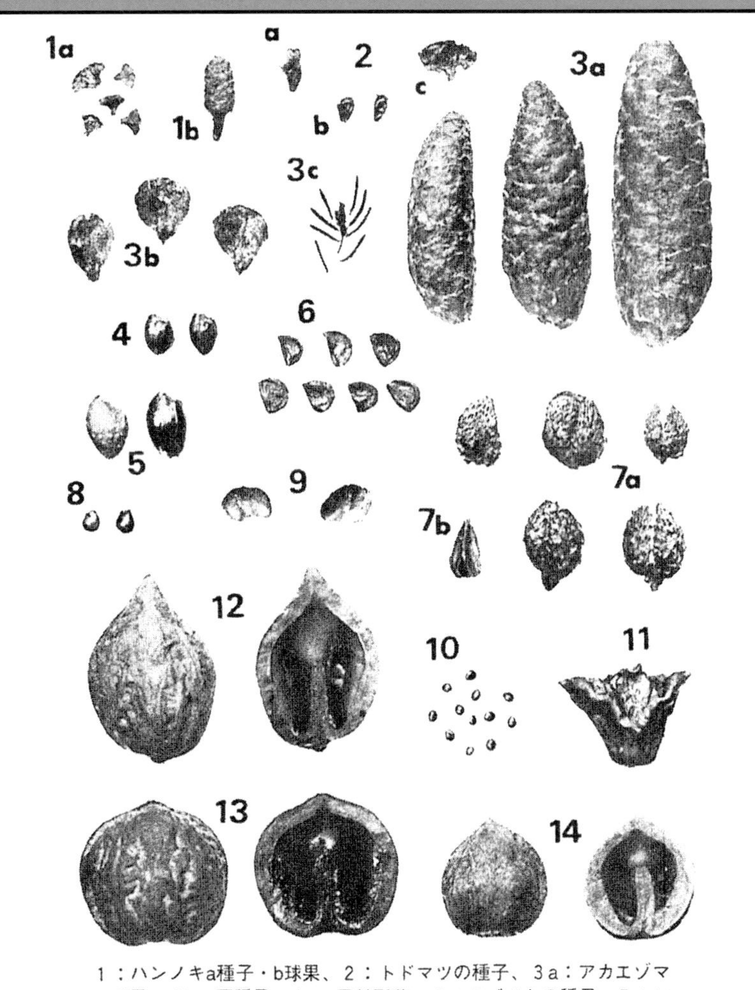

1：ハンノキa種子・b球果、2：トドマツの種子、3a：アカエゾマツ球果、3b：同種子、3c：同針形葉、4：エゴノキの種子、5：ハクウンボクの種子、6：アヤメの種子、7：ブナa殻斗・b種子、8：ミツバウツギの種子、9：コブシの種子、10：ミツガシワの種子、11：ヒシの実、12・13：オニグルミ、14：カラフトグルミ

Fig.1-15

ナウマンゾウ包含層から産出した植物化石

いろいろな植物の種子や球果が発見された。エゴノキやブナは現在、渡島半島以南に分布する植物であり、ナウマンゾウの棲んでいた当時の十勝平野は温暖な気候であったことを示していた。湿原にはミツガシワやアヤメが咲き、谷間にはミツバウツギが花をつけ、山斜面にはエゴノキやコブシ、高地にはトドマツやアカエゾマツの林が広がっていた（矢野牧夫、1978）。

Fig.1-16

昆虫化石

ゾウの包含層の泥炭を掘り進めると、無数の昆虫の破片が光っていた。その中から保存のよい数点を帯広畜産大学昆虫研究室へ持ち込んだ。西島浩先生の鑑定により、肉食性のオサムシ科の昆虫であり、ナウマンゾウの遺体に群がって食していたことが分かった。この写真は北海道開拓記念館（当時）の走査型顕微鏡で撮影した。

Fig.1-17

偶蹄類の上顎臼歯表面のエナメル質

波打った形と質感がエナメル質に見える。帯広動物園で飼育され剥製になっていたヘラジカ標本と比較したところ、形は偶蹄類の臼歯の頬側面に近似していた。帯広畜産大学土壌教室に持ち込み、近藤錬三教官によるX線分析の結果、エナメル質が主成分だった。その後、オオツノシカの頬歯の一部と報告された（田中実ほか、1978）。

Fig. 1-18
忠類ナウマン象記念館に展示されているナウマンゾウの復元骨格

Fig. 1-19
同館前庭に設置されているナウマンゾウ親子の生体復元

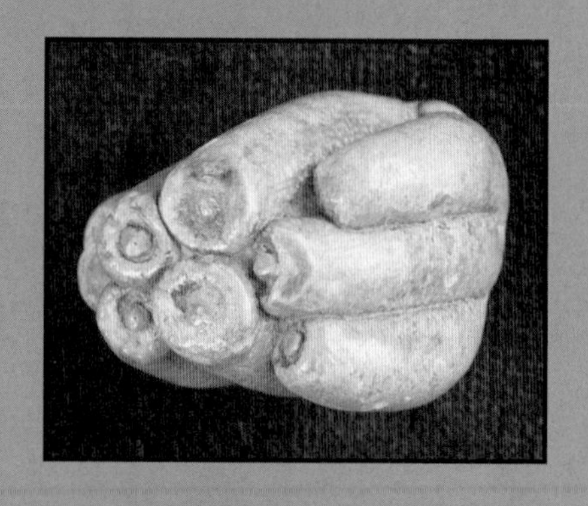

Fig.1-20

羽幌町で発見されたデスモスチルスの右上顎臼歯

ギリシャ語の Desmos（束ねた）+ stylus（柱）で束柱目と呼ばれる。1876 年に米国カリフォルニア州の歯科医で化石収集家のヤーテス氏が 3 咬柱の臼歯を発見し博物館に寄贈したものを、研究者のマーシュ氏が新属新種の「*Desmostylus Hesperus*」と命名した。それから 10 年後には岐阜県瑞浪市戸狩から保存状態の良い頭骨が発見され、アメリカの標本は上顎臼歯の一部であることが分かった。羽幌の標本は保存の良い上顎の臼歯だった（木村ほか、1979）。

Fig.1-21

十勝管内池田町で発見されたヒゲクジラ亜目の頸椎

哺乳動物の頸椎は共通して 7 個からなる（例外あり）。食生活環境の違いにより、キリンのような長い首を持ったものや、水中生活で首振り運動を避けるために頸椎を短くしたクジラがいる。ハクジラの多くは頸椎の一部を癒合させて固定化している。ヒゲクジラは頸椎が分離しているものが多い。この池田の標本は頸椎が薄く分離しており、ナガスクジラ科の仲間と思われた。

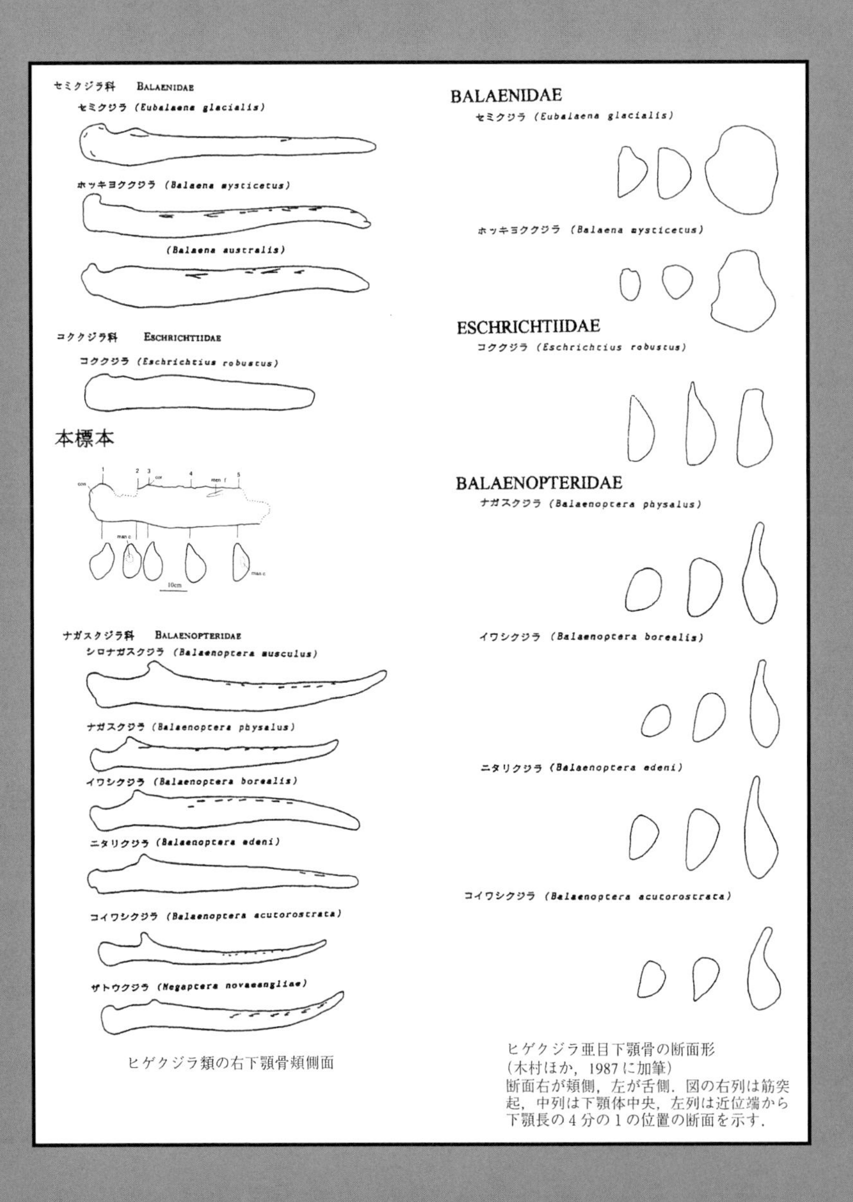

Fig.1-22

ヒゲクジラ下顎骨の比較図

下顎骨断面は半楕円形で棒状の骨である。左右の下顎骨の間に、弾力性に富み伸縮自在な筋肉の塊である大きな舌を張って口蓋底を形成している。下顎骨の断面形には特徴がある。本標本（池田標本）は口蓋側（上面）が薄くなり、コククジラの形体に近似する（木村、2006）。

Fig.1-23
足寄動物化石の産状
中央付近の棒状のものは肋骨。

Fig.1-24
足寄動物化石の発掘風景
化石は茂螺湾層の上部凝灰質シルト岩層であり、発掘には削岩機が必要なほど硬質で、忠類ナウマンゾウの発掘経験は生きなかった。化石を単品で掘り出す時間的余裕がなかったため、岩石ごとブロックにして掘り上げ、後日北海道大学へ運んだ。中央は発掘団長の松井さん、右端が木村。

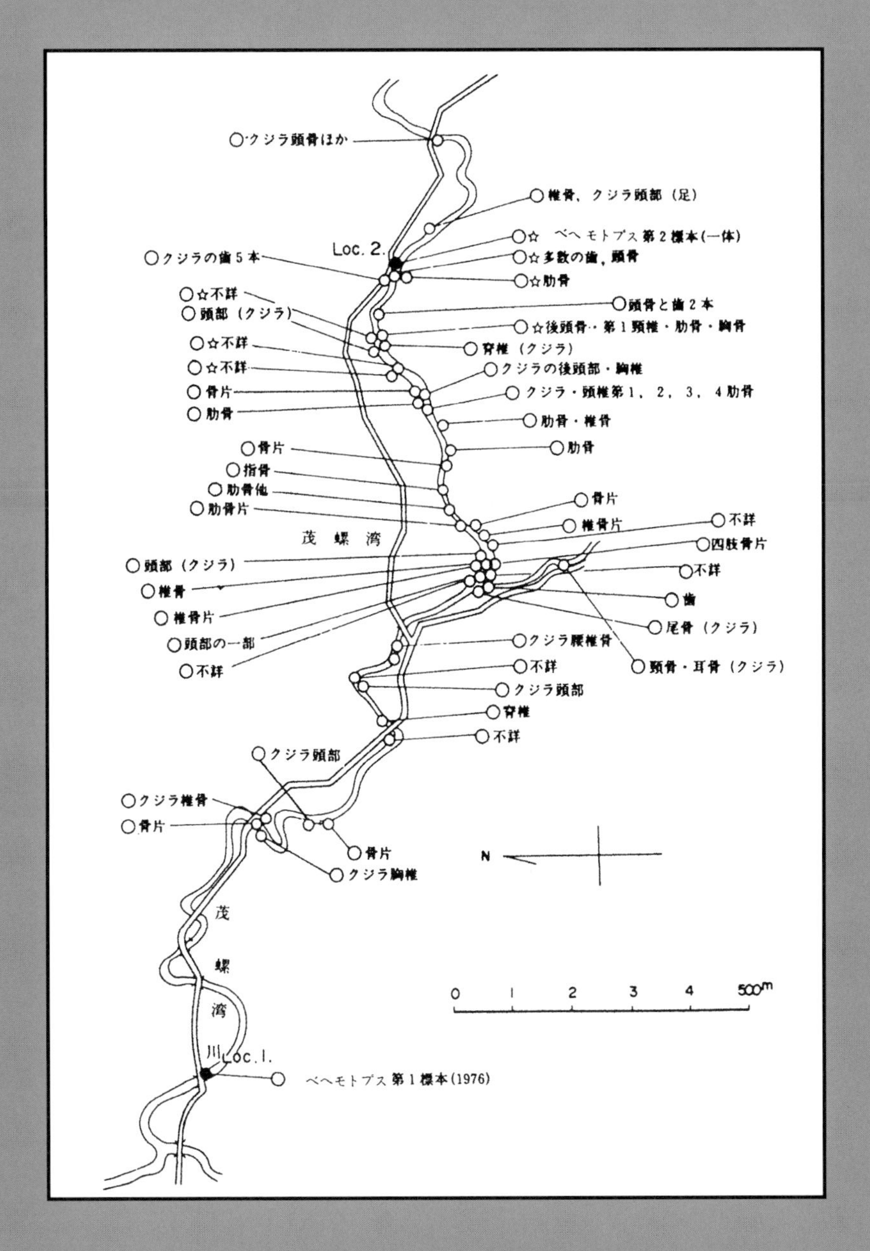

Fig.1-25

足寄動物化石発見地点図

この発掘を見学していた農業・矢吹勝家さんには、農作業中に奥さんが「父さん、そろそろ昼にしよう」と声を掛けたが見当たらず、河原で化石探しをしていたというエピソードがある。矢吹さんの化石採集への没頭がこの記録につながった。足寄町教育委員会編「足寄動物化石群研究の記録」(1989)から。

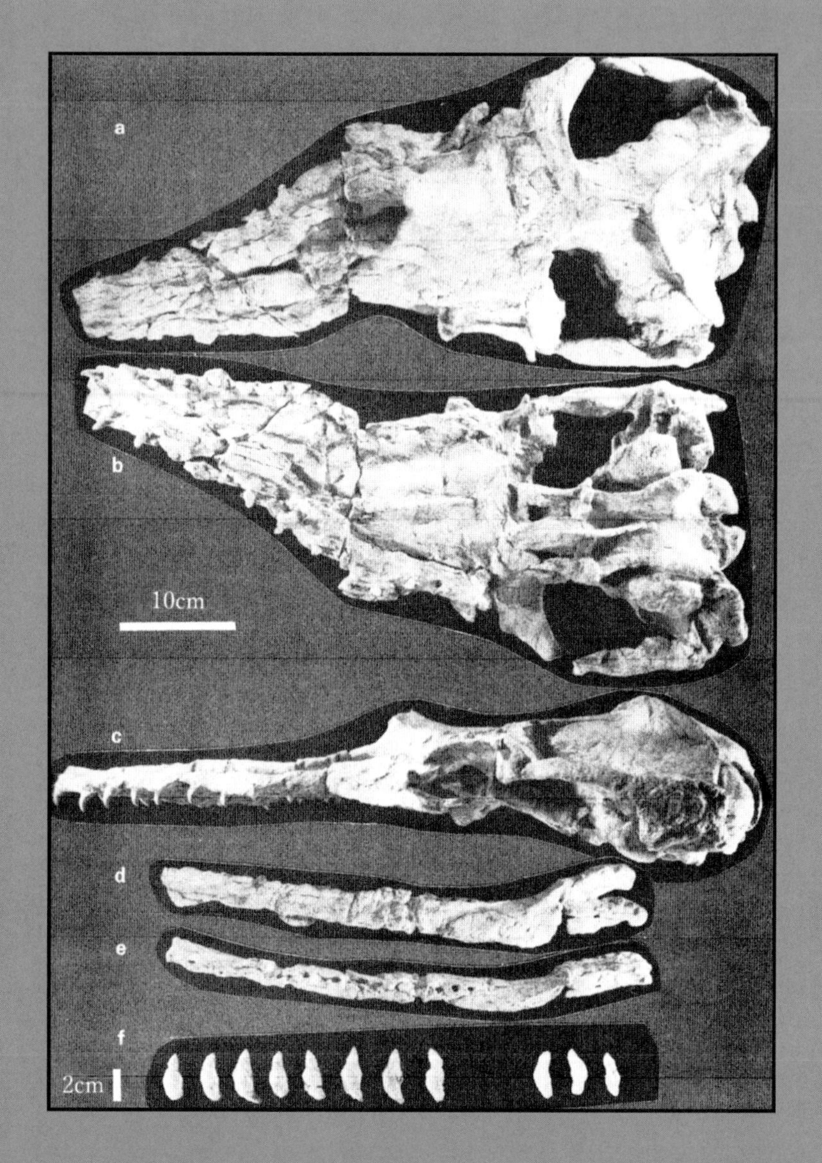

Fig.1-26

テレスコーピングの進んでいないヒゲクジラの頭骨

***Aetiocetus polydentatus Sawamura* 新属新種**

a：背面　b：腹面　c：左側面　d：下顎の頬側面　e：下顎舌側面　f：下顎歯の側面
発見当初私は、いくつもある頭骨を見て、古い時代のムカシクジラの仲間かと思いロサンゼルスのバーンズ博士を訪ねると、「アメリカ西海岸でもこの種の化石がある」と実物を見せられた。歯がたくさん並んでいたからハクジラかと思いきや、バーンズ博士はヒゲクジラだと言うのだ。その後、歯を持ったヒゲクジラの仲間 *Aetiocetus* を共同研究することになった（Barnes et al. 1994）。

Fig.1-27

テレスコーピングの進んだ進化型のハクジラの頭骨

細い歯が特徴的。クジラは鼻孔を頭頂へ移動させて、呼吸の楽な態勢を身に着けた。これがテレスコーピングである。この標本は *Aetiocetus* よりは鼻孔が後退した進化型である。上顎から細い歯が並んでいる様子がよく分かる興味深い標本であり、研究の進展が待たれる。

Fig.1-28

足寄束柱類第 2 標本（一体分）の産状を示すスケッチ

体幹（1 の右側）は仰向け。後肢（1 の左側）は左右が密着している。1980 年 8 月 1 日、矢吹勝家さんと兄の勝美さんが 4 地点で 10 数個の骨化石を採取し、足寄町教育委員会の村尾誠一主事に報告して発掘に至った。犬塚則久氏に研究が託され、第 1 標本とは全く別物で、パレオパラドキシア科ベヘモトプス属新種のカツイエイと命名され世界に向けて発表された（INUZUKA, 2006）。

Fig.1-29
足寄動物群を産出する川上層群の地質柱状図（松井、1989）
化石発見者の木村学氏の指導教官・松井愈氏は、若いころから北海道東部の地質研究をテーマにしていた。今回はその延長で、足寄動物群の産出層を明らかにした。

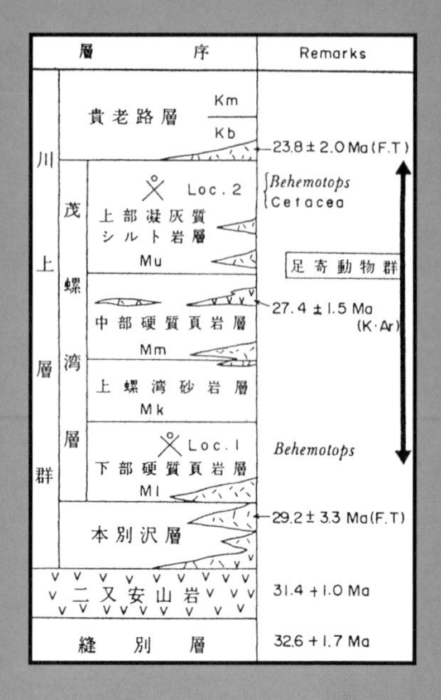

Fig.1-30
デスモスチルス科アショロア属ラチコスタ（澤村復元）
デスモスチルスの復元姿勢については古くからさまざまな形が提案されてきた。生活の場は陸か海か半陸生か、骨格の重厚さ、骨格の関節の仕組みの不思議、産出地層から見える生活環境などで議論が尽きないのだ。写真の澤村復元は、デスモスチルスが泳ぎ上手だったとの解釈から、水中に潜る姿勢をとっている。足寄動物化石博物館にはいろいろな復元標本が展示されている。

Fig.1-31

パレオパラドキシア科ベヘモトプス属の新種カツイエイ

4本の脚をしっかり立てて歩行する姿で復元された束柱類のパレオパラドキシア科とデスモスチルス科では、現生の動物における同じ食肉目のネコ科とイヌ科ほどの違いがある。

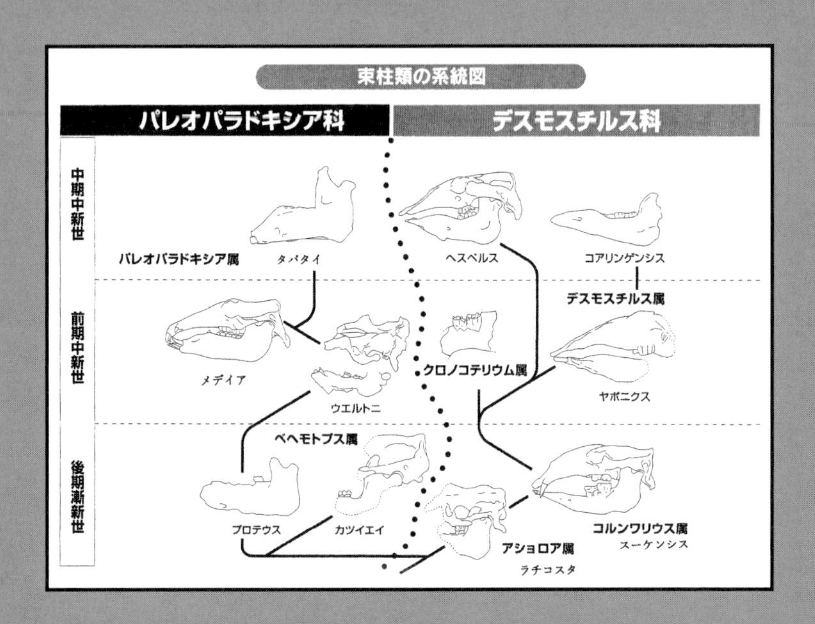

Fig.1-32

束柱目の系統図（INUZUKA, 2005）

束柱目は環太平洋の北部地域に生息した半海棲哺乳類である。日本では前・中期中新世の地層からの発見が多かったが、足寄町で発見されたのは後期漸新世。犬塚則久氏は國内外の標本研究を総合し、この系統図を提案した。

Fig.1-33

アエティオケトウス科アショロカズハヒゲクジラの復元図

歯のあるヒゲクジラ。化石は骨格のみなので、これにどのように肉を付けて活動させるかが復元のテーマとなる。クジラでは尾椎の数が尾翼の運動能力・遊泳能力を示す。発達する棘突起（背骨の上方へ突出する）は尾翼の発達、遊泳能力を教える。クジラは肘を曲げないので、腕は旋回のかじ取り役となる。鼻孔の後退（テレスコーピング）は遊泳と呼吸のタイミングに関係する。

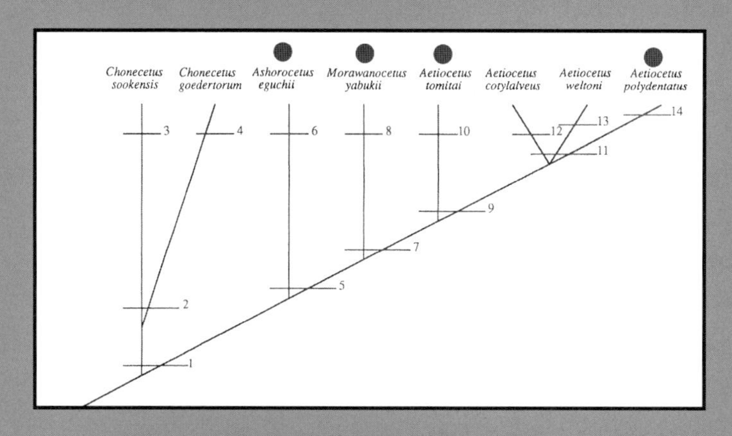

Fig.1-34

アエティオケトゥス科の系統図（Barnes et al, 1994）

足寄産の標本４点（●印）はいずれも新属新種であり、歯を持つヒゲクジラ（*Aetiocetus* 科）の系統分類に大きく貢献した。研究上、まだ決着がついていない標本も残されている。

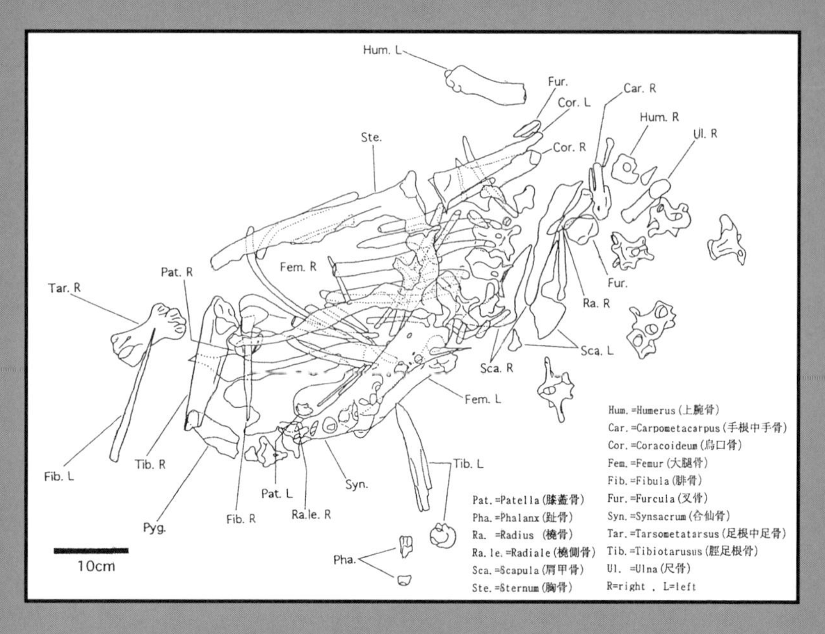

Fig. 1-35
網走標本の産状図（木村・桜井・加藤、1988）

Fig. 1-36
復元されたホッカイドウムカシオオウミウ *Hokkaidornis abashiriensis*（足寄動物化石館）

化石はミステリー

――北広島、歌登、深川、滝川、沼田、新十津川

沼田よいとこ節

作詞　木村方一

ランラランラ ランラランン　ランラランラ ランラランン
沼田よいとこ　一度はおいで
北に源流　訪ねれば
白亜の海に　役者がそろう
アンモの世界の　にぎやかさ
ランラランラ ランラランン……（以下繰り返し）

沼田よいとこ　一度はおいで
三紀のはじめに　陸になり
雨竜の石炭　この地に育ち
古代の森林　思わせる

沼田よいとこ　一度はおいで
ときには海牛　顔を出し
黒い雪焼けの　沼田野郎を
でっかい尾びれで　もてあそぶ

沼田よいとこ　一度はおいで
ペクテン・サルボウ・エルフィディウム
河原の化石を　追いかけ回し
古盆・造盆　沼田海

沼田の海には　魚も多く
アシカにナガスにネズミたち
身をくねらせて　狩する姿
沼田の大地は　歴史の地

沼田よいとこ　一度はおいで
こなけりゃ単位がもらえない
長いようでも短い 40 年
おいらのねぐらで思い出す
ランラランラ ランラランン　ランラランラ ランラランン　ランラン

1976 年 11 月のある晩、十勝団研で指導していただいていた春日井昭先生から突然電話があった。「北海道教育大学札幌校の地学教室で助手を採用することになったので応募しないか」というものだった。帯広柏葉高校での勤務も 14 年目になり、人事異動の対象になっていたため、学校長の面接を受けていたころである。

道教大札幌校は 1886 年（明治 19 年）に北海道師範学校として発足したが、戦後の学制改革で道内の師範学校が 1 大学に統合され、元の学校は北海道学芸大学の分校と呼ばれた（1966 年に北海道教育大学に改称）。

当時、地学教室の主任教授は浅井宏先生だった。私が初めて十勝団研に参加した時、幕別町の三河屋旅館で夜のまとめ会が終わり、先頭をきって部屋の片付けに動き回っていたのが先生だった。そんな団研の雰囲気に惹かれていた私は、誘いに胸が躍った。

十勝団研の調査が一段落し、まとめに入っていたころだったので、新たなテーマを持つためにも環境の変化は望ましいことに思えた。日高山脈の歴史を追究する岩石学の浅井先生、火山灰をテーマにする火山学の春日井先生。両先生の間で、自分はどんなテーマを選べばいいのだろうか。

ところが妻はどこか浮かない顔をしている。そのとき私は 38 歳になっていた。この10年あまり、家庭のために土日を使うのはごくまれであった。大学へ行ったら、家にいる時間はもっと減るのではないかというのが妻の心配事だったのか、「高校の方が似合っている」と言われた。

それでも、大学での生活は魅力的だった。私は妻の思いを振り切るようにして論文一式を送った。

翌年春に赴任した地学教室では 3 年生の女子学生 4 人の卒論指導を任された。テーマは、地層中の泥炭から花粉を抽出して古環境を解明するというものだった。南石狩平野の火山灰大地の下に眠る泥炭がフィールドだ。土日になると、私が運転して 4 人を連れて行き、地層のスケッチと採取を見守った。

明るい学生たちに囲まれた楽しい研究生活が始まった。

哺乳動物の化石群に出合う ── 北広島

札幌に着任する少し前の 77 年 1 月、「北海道新聞」に「北広島で恐竜化石発見」という記事が写真入りで掲載された。だが、北広島地域の地質から白亜紀の恐竜化石が産出するとは考えられない。その写真がゾウの臼歯であることは明らかで、私はこの記事の間違いを正したいと思った。

札幌に転任した私はさっそく、新聞に情報を提供したご本人を訪ねることにした。記事を手がかりに探し当てたその方は病のため会話が不自由な状態だったが、どうにか標本のありかを聞き取ることができた。

その標本は、北広島町（現北広島市）内の大谷義明さんが所有していた(Fig.2-1)。見ると、明らかにゾウの右下顎臼歯であった。そのことを大谷さんに説明し、研究のためにお借りすることにした。

標本は音江別川流域の採石場（Fig.2-2）で発見されたもので、発見者は鎌田太郎さんだった。発見当時の状況を知るべく、その後何度か鎌田さんを訪問したが、なかなか会ってもらえなかった。玄関口に出るのはいつも奥様だった。

初日は「主人は不在です」とのことだった。それから私は、土曜日ごとにお宅を訪ねた。

2週目の時は、部屋の中から男性の声で「また来たか」という迷惑そうな声が聞こえてきたが、やはり対面はかなわなかった。

3週目の訪問では、そのセリフは「しつこいなー」に変わった。

4週目の訪問の時、声の主は「熱心だな」と言って、初めての対面が実現した。同じ声の主とは思えないほど表情は穏やかだ。裏の物置場にしまってあった標本を見せてもらった。

大きなバケツ6缶に、大小の化石が詰め込まれていた。どれも破断してはいたが、私はその種類の多さに驚いた。さまざまな部位や動物種が含まれているはずだと直感した。

私は即座に質問した。

「こんなにたくさんの化石、どのようにして手に入れたのですか？」

「ヘンな形の石が、俺のところに寄ってくるんだ」

「寄ってくる？」

「砕石プラントの礫選別機があってな。それが網目のベルトコンベヤーになってて、目の細かいものから2台目、3台目と網目を大きくしていくと、目をくぐった石が、細かいものから大きなものまで順番に集まってくるんだよ」

鎌田さんはその採石場で、最後のコンベヤーに引っかかった礫を手動で取り除く作業をしていた。それらは細礫、小礫、中礫、大礫と順に振り分けられ、最後に異様な形の巨礫がやって来た。それが鎌田さんの収集物になったというわけである。

私は鎌田さんに化石のおおよその種類を説明し、その価値を伝えた。そして最後にこう聞いた。

「なぜ最初、面会していただけなかったのですか？」
「そりゃあ、現場から化石が出たなんてことになったら、大変なことになるべや」

工事が中断することを恐れた社長から箝口令（かんこうれい）が敷かれていたのだった。

そこで私は次に、社長説得を考えた。大学の助手身分の名刺では迫力がないと思い、北海道開拓記念館学芸部長の北川芳男さんに同行を求めて社長に面会した。

私は「工事に迷惑を掛けない」「マスコミ発表はしない」という２点を約束して標本研究の許可を求めた。その結果、標本は北海道開拓記念館に寄贈されることになった。

その後、鎌田さん以外にも吉呑軒治さん、屋敷公男さんが化石を採集していることが分かり、あわせて寄贈していただいた。標本は大学に運び込み、観察と分類を始めた。

ゾウの臼歯は５個、切歯の破片、大型ヒゲクジラの下顎骨 30 センチ長の断片、異常に太くて重い肋骨の数本、種不明の下顎骨の２種・２点などが観察された。そして、この地域の地質調査を外崎徳二さん、赤松守雄さん、吉田充夫さんらとともに進めた。

その結果、中期更新世の不整合を発見し、下位の地層からは寒流系の貝化石が産出することが分かった。私たちは、この地層を下野幌層と命名した。不整合面より上位の地層からは暖流系の貝化石を産出し、環境の変化を示していた。こちらの地層を音江別川層と名づけた（P.72 Fig.2-3）。

哺乳動物では、太く緻密質の発達した肋骨を持つ海牛類を下野幌層の基底礫層の中に確認した（Fig.2-4）。採集された化石には、たくさんの海牛類の標本（Fig.2-5）のほかに、セイウチの下顎骨・牙、ヒゲクジラの下顎骨も確認され、同じ層からの産出と思われた（Fig.2-6）。

バイソンの角や頭蓋破片は音江別層からの産出で、ゾウの臼歯の１個、マンモスの臼歯は、発見者の証言からこの層準からと確認できた。他のゾウ臼歯４個は転石として発見されており、更に上位の地層からの産出も否定できない（Fig.2-7）。これら４個は、後に樽野博幸さんと河村善也さんがナウマンゾウの臼歯と鑑定した（2007）。

歌登のデスモスチルス

同じ年の９月には、道北の歌登町（現宗谷管内枝幸町）で、地質調査所の山口昇一さんによってデスモスチルスが発見され、発掘の協力を求められた。私は6人の学生とともに参加した（Fig.2-8）。

全身1体の保存状態の良い標本だったが、5日間の日程なので、前半身までの発掘にとどめ、後半身は翌年度に持ち越した。

標本は山口さんの職場である地質調査所北海道支所に運ばれ、調査所の技官らによってクリーニングされた。私も作業に加わった。東京からは犬塚則久さんが参加し、化石のレプリカ作りを指導してもらい作成した（Fig.2-9）。

翌78年7月23～27日、私は学生とともに後半身の発掘にあたった（Fig.2-10）。標本は東京大学の犬塚さんの研究室に運ばれ、研究が行われることになった。

日本でのデスモスチルスの研究は、1933年（昭和8年）に南樺太国境の南、敷香町気屯（現ロシア・サハリン州スミルヌィフ地区）で発見された全身1体の気屯標本研究に始まる。この気屯標本の研究については、発掘した北大の長尾巧教授の記述が残っているが、詳細な研究は、頭蓋を井尻正二、亀井節夫の両氏によって、四肢骨は横浜国立大学の鹿間時夫教授によって報告された。体幹の記載は東京大学の高井冬二教授が担当したが、完成には至らなかった。犬塚さんは高井さんの研究を引き継ぐことになり、以後、日本の束柱類研究の中心を担うことになった。この標本は犬塚さんによって、*Desmostylus hesperus* に分類された（Fig.2-11）。

化石論文第1号

話を少し前に戻す。帯広時代の76年、十勝管内浦幌町上厚内で発見されたデスモスチルス臼歯1個の記載論文が、犬塚さんらによって地質学雑誌に発表されたという記事が「北海道新聞」に出た。北隣の本別町で発見されたデスモスチルスの臼歯（Fig.2-12）の研究も、犬塚さんに託されるという内容だった。

このように、地元十勝で発見される標本の解明をことごとく外に委託しなければならないことに、私はもどかしさと悔しさを感じていた。自分の力で化石の解明をしたいと思った。

そこで、本別標本の所有者で十勝管内音更町在住の工藤伊佐緒さんに研究の許可をもらい、借り受けた。しかし、研究経験がまったくなかった私は、どこから手を付ければいいのかも分からなかった。

その年、帯広柏葉高校の修学旅行の引率で京都を訪問した折、私はかばんにこの臼歯1個を忍ばせた。生徒たちが市内の自由見学をする日、私も自由時間をもらって京都大学の亀井先生を訪ねた。
研究室で標本を眺めていた先生は、「これは右上顎臼歯だろう」とおっしゃり、ノギスで計測して化石の特徴記載を始めた。私は先生がノギスをあてる位置や向きを必死で観察した。
やがて化石の記載文章を書き上げた先生は、「化石発見の経緯」と「産出層の記述」を加えて論文を完成して投稿するようにと指示された。帯広に帰った私は、さっそく地質調査や文献の判読をして、「北海道中川郡本別町付近の螺湾礫岩砂岩層よりデスモスチルスの臼歯発見」と題した論文を書き上げ、亀井・木村（私）の連名の小論として整理し、先生に送ってチェックを求めた。
すぐに返信があり、木村の単名で投稿するようにとおっしゃった。それはおこがましいので「ぜひ連名で」とお願いしたが、指示どおり単名で投稿することになり、「地球科学 31 巻 4 号」（1977）に掲載された。
これが私の化石論文の第 1 号となった。投稿は帯広柏葉高校教諭としてだが、論文が発行されたのは道教大に採用された年だった。
大学での私の身分は助手だった。教授会の決まりで「採用は助手から」との申し合わせがあったからだ。研究業績が乏しいのだから当然のことと受け止めていたが、4 月の最初の月給明細を見ると、高校教諭の給与より 2 万円も低かったのである。
これには少々驚いた。昇給のためには、身分を講師、助教授、教授へと上げていくしかない。そのためには、研究論文をたくさん書いて実績を積み上げることが必要だった。
給料のダウンは妻にはきつかったようで、2 年目から、ビル掃除のパートを始めた。私の転職を手放しでは賛成していなかった妻には申し訳ない思いだった。

苦悩の日々

早急にたくさんの論文を書き上げ、昇進したかった。デスモスチルス臼歯の論文を仕上げたことで、多少は自信がついていた。
北海道内には未報告の臼歯が多数あることに目を付け、私は次々と報文を書いた。浦幌町合流標本、瀬棚町初音鉱山標本、歌登標本、羽幌町標本、歌登第 5 標本、函館博物館標本、穂別町標本、歌登上腕骨標本、占冠標本、穂別町標本 2、北海道およびサハリン産のデスモスチルス産出層序と産状などを学会誌に投稿した。

私は大学に歓迎されて赴任したと思っていたが、実はそうではなかったことは着任してから知った。それはやがて精神的に大きな苦痛になり、肩こり、円形脱毛症、歯の異常な痛みなどと闘うことになった。

北大の大学院を修了しても仕事がなく、職場を探し求めている卒院生が多くいる時代に、大学院も出ていない私が採用されたのだ。これ以降、北大からの古生物学・地史学の非常勤講師派遣は断られることになってしまった。そのことに気づいたのは赴任して2年目だった。

これらの講義科目は学生にとっては卒業必修科目だ。浅井教授はがんに倒れ入院、春日井教授も精神的ストレスで床に伏した。そんな中で、新米助手の私が次年度の講義担当者を決めなければならなかった。

そこで地史学を、デスモスチルス臼歯の発見者であり標本の研究を許可してくださった道立地下資源調査所の土居繁雄所長にお願いした。古生物学は適当な方が見つからず、自分で担当することにした。朝倉書店から出ていた『古生物学』を解説する授業だった。当時の学生には申し訳ない思いがする。

ある時、国立札幌西病院に入院していた浅井教授のもとに、先生が担当していた「地学実験」の課題レポートを持参した。先生もよくご存じの土居所長が発見したデスモスチルス臼歯の記載論文の校閲をお願いすることで、自分を認めてもらおうと思ったのだ。

後日受け取りに行くと、先生は小声で「いいじゃないの」と言った。論文の謝辞に亀井先生と浅井先生の名前を記して投稿した。

やがて3年が過ぎて浅井教授が退職し、私は講師に昇格した。その後1年で助教授に昇任したが、高校教諭の月給額にはまだ届かなかった。国家公務員である大学教員の給与ベースが低いのに驚いた。

フカガワクジラ化石の発掘

78年9月、深川市多度志川の河床で高橋定右衛門さんらが発見した化石が深川市教育委員会に持ち込まれた。私は北海道開拓記念館の北川部長を通じて鑑定を依頼され、教育委員会を訪ねた。

持ち込まれた標本は、海綿質の尾椎とヒゲクジラの耳骨だった。初めて見る標本ではあったが、以前池田町産の下顎骨を京大に持ち込んだ時にページをめくったクジラ図鑑を思い出した。その中にたくさんの絵図が記録されていたのだ。

この化石はクジラの鼓室胞に違いないと考えた（Fig.2-13）。高橋さんはアンモナイトの収集家で、自分の町からもアンモナイトの化石を発見したいと探索を続けていた。上記の化石は散策中に見つけたものだが、恐竜を期待していたようで、クジラと聞いて気を落としていた。

発見者の案内で現場を試掘すると、下顎骨・頭骨と数個の椎骨が確認できた。河川管理局から発掘許可をもらい、10 月 1 日からの 5 日間で緊急発掘を行った（Fig.2-14)。道教大の学生は古澤、飯塚、及川と少数だったが、北海道開拓記念館の研究員 6 人、地元の教師 14 人、教育委員会から 5 人、それに北大の湊正雄先生が同大の秋山雅彦さんの案内で応援に駆けつけてくれた。

湊先生は「木村君、フィールドでの鑑定は慎重にしなさいよ。私も苦い経験があってね」とアドバイスをくださった。その時、既に深川標本はクジラ化石であるとマスコミに発表していた。結果的にその判断に間違いはなく、私は胸をなでおろした。

化石のクリーニングは、地元の多度志中学校の山下茂さんと道教大とで分担して行った。化石研究は道教大の学生だった古澤仁君の卒業論文として、私と 2 人で研究することにした。

産出層準の確定や地質環境の解明のために、翌 79 年 8 月 3 ～ 9 日、北海道野尻会が主体の第 1 次地質調査で多度志公民館に合宿した。野尻湖方式で、子供の参加も可能にし、合宿の後半には子供の活動の場も作った。

研究は、地質、貝化石、凝灰岩、花粉、クジラ、魚類などのテーマごとに分担して進めた。参加者は総勢 70 人に上った。調査団研究班は、秋の補足調査と、第 2 次地質調査(80 年 8 月 10 ～ 16 日)を行うことを決めた。地元の方々とも交流できるように、化石学習会も開いた。合宿には 64 人が集まった。

クジラ化石の研究資料は国内にはまったくなく、海外の文献に頼ることになった。現生のクジラ骨格を観察し、研究用のデーターベースを作るため古澤君とともに上京し、鯨類研究所（現日本鯨類研究所)、東京水産大学（現東京海洋大学)、国立科学博物館の標本を観て回った。

そして古澤君の努力により、フカガワクジラはヒゲクジラ亜目セミクジラ科で、絶滅種のバレヌラ属であることまでは突き止めたが、海外の実標本との比較はかなわず、種名の確定には至らなかった。2 年間の調査団の調査結果とクジラ研究の成果は「深川産クジラ化石発掘調査報告書」として教育委員会から発行されている。この標本こそが、北海道のクジラ化石研究に先鞭を付けたのだった。

その後、沼田町化石体験館特別学芸員の田中嘉寛さんは 2019 年からこの標本の再研究を始め、発見から42年目の20年3月に、新属新種*Archaeobalaena dosanko* として国際誌（イギリス王立協会「Open Science of Royal Society」）に発表した。共著者の私は、「道産子」の命名がうれしかった。

ストランディング

私はその後も現生クジラ骨格の資料収集を続け、和歌山県太地くじら博物館や宮城県牡鹿郡牡鹿町鮎川（現宮城県石巻市鮎川）の鯨博物館（現おしかホエールランド）の展示標本を記録にとどめた（**Fig.2-15**）。

当時、クジラの捕獲規制はなく、近海でも捕鯨が行われていた。鯨博物館の阿部克郎館長に日本小型捕鯨協会会長の鳥羽養治郎さんを紹介してもらった。鳥羽さんは私の研究目的に賛同し、鯨博物館に展示予定だったコイワシクジラ１体（体長4.5メートル）を寄贈していただくことになった。

1981年秋、私は乗用車にクジラを積み込み北海道へ運んだ。クジラはすでに海水中で「脂抜き」がされていた。その後のクジラ化石研究の基礎資料として生かされた。

話は飛ぶが、2011年3月の東日本大震災により、鯨博物館（おしかホエールランド）も津波の被害に見舞われた。展示されていたクジラたちは、大津波に乗って施設ごと太平洋へ帰ってしまったのだ。私は阿部館長や鳥羽会長の消息が気になった。

死亡者の名前を伝える新聞を毎日見ながら無事を祈った。そして年末、牡鹿町役場に電話したところ、阿部さんは存命で仮設住宅に住んでいるということが分かった。阿部さん宛ての手紙は、旧住所へ送れば臨時郵便局が探し届けてくれるとの回答であった。

私は早速、菓子箱に手紙を付けて送った。数日後、本人から電話がきた。感動で声が震えた。「持病（糖尿病）の治療で石巻の病院に来ていて津波を逃れた」とのことだった。「菓子は食べられないが、うれしいよ」と喜んでくれた。鳥羽さんのことや奥さんのことを聞く余裕はなかった。

鳥羽さんにいただいたコイワシクジラ標本は、津波を逃れた唯一の標本として札幌市博物館活動センターに寄贈し、登録標本（SMAC-126）となっている。

こうした骨格標本の収集をストランディングという。私は北海道の海岸に標本が打ち上げられると、標本を数年間地中に埋めておき、軟組織の分解を待ってから骨格を採掘するという活動を続けてきた。稚内声問のツチクジラ、白糠町のマッコウクジラ、石狩海岸のネズミイルカやアカボウクジラ、せたな町のオオギハクジラ、十勝太のコククジラ（Fig.2-16）などがそれにあたる。小樽の海岸に打ち上がったやせ細ったハンドウイルカの胃袋からビニール袋が出てきたこともあった。

道内初、海牛の発掘 ── 滝川

深川での2年目の合宿が終わるころ、北海道開拓記念館の北川さんから電話が入った。滝川市内の空知川で化石が発見されたとのことだった。

空地川の現場を訪ねたのは1980年8月16日のことだった。そのころ空知川は、上流のダムの放水により水面が上昇していて、すぐには化石の観察はできなかった。

周りには深川のクジラ露頭と同じようにタカハシホタテが多数見られ、同じ時代の地層であることを示していた。滝川市教育委員会が事前に撮影した写真を見せられ、化石動物の種類を問われた。

私は大型のクジラだろうと予想した。発掘のためダムの放流を止めてもらい、22日に重機で化石の周りに堤防をつくり、水糸を張ってスケッチし、写真記録も撮った（Fig.2-17）。25日の放水日まで時間がないので、23日の滝川市の秋祭りの日に、ユンボを用いてブロックに分けて川底の地層を取り上げた。

この時期、私は大学の道外地質見学巡検が予定されていたため、地学科卒業生の古澤仁さんと開拓記念館の赤松守雄さんに発掘の指揮を託した。

24日の朝、岐阜県にいた私は、宿舎のテレビで滝川発掘の様子を見て、現地の成功に拍手を送った。札幌に戻った翌日の31日、滝川へ向かい、発掘された化石の確認と今後の研究体制について市教委の担当者らと相談した。

教育委員会からは以下の提案があった。

①発掘・クリーニングに要する費用は滝川市が準備する。

②化石は滝川市の財産として広く市民の教育に役立てていく。

③研究の結果だけを市民に知らせるのではなく、市民の手で可能な限り研究を進め、その成果を逐次市民に知らせていく。さらにその過程を通して、化石を市民の「心の財産」にしたい──。

私はふと、忠類ナウマンゾウ発掘時の「拾得物事件」を思い出した。

31日には「滝川化石クジラ研究会」が発足し、化石クリーニングの体制が整えられた。地元の教員を中心にして、化石に興味を持つ人々約40

人の団体となった。活動は、学校が終わった放課後から夜9時までと、土曜、日曜を作業にあてた。班ごとに作業日誌をつけ、作業状況をスケッチに残すことにした。

札幌から私と、この年から小学校教員になった古澤さんが土日に交代で通い、作業の進行状況を確認した。広報活動として「化石クジラニュース」が発行された。

化石クリーニング作業のスピードアップと市民参加を兼ねて、高齢者事業団（シルバー人材センター）の15人が参加した。滝川市郷土館嘱託職員の西村政雄さんのリーダーシップにより、クリーニング作業は急ピッチで進行した。

ところが、ここで予想外の出来事が起こった。クリーニングを進めた結果、骨格の形態がクジラとは異なる上肢が現れた（**Fig.2-18**）。文献と比較し、古澤さんと検討した結果、クジラではなく海牛であることが判明した。

12月12日、私は吉岡清栄滝川市長とともに記者発表を行った。会見の直前、市長は私にこう尋ねた。

「クジラと海牛はどちらが貴重かね？」

「もちろん海牛です。北海道では初めての発見であり、国内でも3例目のことですから」

市長は安心した様子であった。

「化石クジラニュース」は「シレニア（海牛）ニュース」と名を改め、「シレニア研究会」として冬休み子供化石教室を3日間開いた。

参加した子供たちからは以下のような感想が寄せられた。

「ぼくは、この化石教室で今まで知らなかったことをたくさん学びました。それに今まで一度もやったことのないことを、この教室で初めてやることができました。その一つは、化石のクリーニングです。はじめは、ただ、まわりの石をけずり取って、貝の化石を取り出すだけで簡単そうだなと軽い気持ちでいましたが、いざクリーニングをやってみると、ぼくの思ったように簡単なものではありませんでした。

貝の化石が入っている石の上の方は砂のようで、ボロボロと取れましたが、石をどんどんけずっていくと、だんだん固くなってきて、金づちで強く打っても、中々けずれなくなってきました。それで、別の所をけずってみました。

ぼくはこの時、先生方の発掘している海牛らしいものの骨まわりの石はもっと固いだろうと思いました。そして、発掘のときには少しでも骨はけずってはいけないので、先生方はとても気を使い、とても苦労してやっているだろうと思いました。
何人かの先生に大変ためになることをお話していただき、本当によかったです。ぼくはこの化石教室に参加してよい思い出になることでしょう」（滝川第一小学校・村本三太君）
こんな反応もあった。
「ぼくは、この化石教室に入ったわけは二つあります。一つは、この前出た海牛の化石を見たかったからです。もう一つは、冬休みの自由研究にしようと思ったからです。
24日に木村先生のお話がありました。ぼくはナウマンゾウの歯をはじめて見ました。とても大きくて、びっくりしました。午後からはVTRや8ミリを見て勉強しました。
二日目は化石のクリーニングをしました。とてもむずかしくて、海牛のような大きな化石をクリーニングするのは大変だと思いました。
そして、いよいよ海牛の化石にさわったのです。ぼくは500万年前のもの、それもめずらしいものなので、とてもうれしかったです。
午後からはタカハシホタテのスケッチで、とてもむずかしかったです。最後の日は古澤先生と山下先生のお話でした。古澤先生のお話は宇宙カレンダーとたとえで、とてもわかりやすかったです。山下先生のお話は、滝川の昔がとてもわかりやすかったです。この講座は、とてもためになりました。お話をしてくれた先生や指導してくれた先生、どうもありがとうございました」（滝川第三小学校・武田之彦君）
参加希望者が定員を大幅に超えたので、3月の春休みにも2日間開催した。100人を上回る参加者があり、3クラスに分け、ローテーションで行った。クリーニングを終えた標本は「これが海牛だ!!」という展示会で公開した。

組み立て骨格完成

前に書いたとおり、滝川市では、化石標本そのものだけでなく、標本作製の過程も市民の教育に役立てたいと考えており、化石を滝川から運び出すことはしないという方針だった。そこで市では、化石の研究者を採用することになった。
私は、発掘を指導した古澤さんが適任と考えた。小学校に勤め出したばかりの彼は、悩んだ末に滝川行きを決断してくれた。
81年4月から、市立滝川西高校に籍を置きながら、主に郷土館で海牛

郵 便 は が き

料金受取人払郵便

札幌中央局
承　　認

2454

差出有効期間
2021年12月
31日まで
（切手不要）

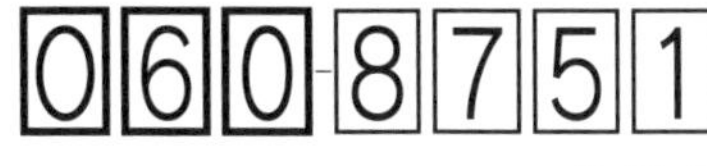

801

（受取人）
札幌市中央区大通西3丁目6
北海道新聞社 出版センター
愛読者係
行

お名前	フリガナ
ご住所	〒□□□-□□□□　都道府県
電話番号	市外局番（　　　） —
年齢	
職業	
Eメールアドレス	
読書傾向	①山　②歴史・文化　③社会・教養　④政治・経済　⑤科学　⑥芸術　⑦建築　⑧紀行　⑨スポーツ　⑩料理　⑪健康　⑫アウトドア　⑬その他（　　　　）

★ご記入いただいた個人情報は、愛読者管理にのみ利用いたします。

愛読者カード

化石先生は夢を掘る

本書をお買い上げくださいましてありがとうございました。内容、デザインなどについてのご感想、ご意見をホームページ「北海道新聞社の本」https://shopping.hokkaido-np.co.jp/book/の本書のレビュー欄にお書き込みください。

このカードをご利用の場合は、下の欄にご記入のうえ、お送りください。今後の編集資料として活用させていただきます。

〈本書ならびに当社刊行物へのご意見やご希望など〉

■ご感想などを新聞やホームページなどに匿名で掲載させていただいてもよろしいですか。（はい　いいえ）

■この本のおすすめレベルに丸をつけてください。

高（ 5・4・3・2・1 ）低

〈お買い上げの書店名〉

都道府県　　市区町村　　書店

研究に取り組んだ。綱淵正幸教育長の尽力による人事であった。
タキカワカイギュウのニュースは全国に流れていた。聞きつけた国立科学博物館の長谷川善和さんが、「化石を見せてほしい」と連絡してきた。道教大札幌校の地学教室まで来てもらい、滝川へ案内することになった。
大学の地学実験室のテーブルには北広島産の標本が陳列してあった。長谷川さんにこれらの化石鑑定について意見を求めたが、彼は黙ったままだった。
その後、滝川まで車で案内し、クリーニングが進んだ標本を見せた。長谷川さんは海牛であることに納得していたようである。
帰りの車の中で長谷川さんは、
「木村君、この化石の研究はどうするの？」
と聞いた。それは、
「私に任せませんか」
という提案のように聞こえた。
私は即座にこう答えた。
「古澤にやらせますからご心配なく」
そして、道教大の図書館を通じて世界の海牛論文を集め、古澤さんに託した。
フカガワクジラの時は 2 人で解決できたが、忠類ナウマンゾウ、歌登デスモスチルス、足寄デスモスチルスは本州へ運ばれて研究された。滝川海牛はぜひ北海道の力で解明したいと思った。それは滝川市の願いでもあった。
高齢者事業団化石班のメンバー 15 人は、古澤・西村両氏のリードで化石のレプリカ作りに取り組み、83 年には全身の組み立て骨格を完成させた（Fig.2-19）。この活動は北海道新聞学術文化奨励金（北のみらい奨励賞）を受賞した。
化石研究をさらに深めるためには、研究が先行しているアメリカ西海岸産の標本との比較研究が必要である。そのことを吉岡市長に説明し、古澤さんの研究派遣の予算を組んでもらった。
古澤さんは 4 カ月にわたってバークレー、ロサンゼルス、サンディエゴの標本を観察し、多くの研究者と交流してたくさんの情報を得て帰ってきた。さらに、カリフォルニア大学バークレー校が所有するヨルダニカイギュウの原標本を滝川まで借り出す交渉も成立させてきた。
海を渡って送られてきた原標本から、高齢者事業団のメンバーは見事にレプリカを 2 体作製した（Fig.2-20）。１体は滝川の博物館に展示し、もう

１体はバークレー校に原標本とともに返却した。
　滝川のレプリカ作りの技術は、西村さんの指導で新十津川町、沼田町、足寄町に伝授され、足寄、沼田では今も続いている。
　こうして化石の姿が明らかになってきたころ、市長は博物館の建設を決めた。

若い研究者たち

　81、82 年の二夏、私は滝川市のメンバーら 18 人と化石産出層の地質調査のために１週間の合宿を行った。春と秋にも補足調査を行い、記録・研究を積み重ねた。
　夏の空知教育研修センターでの合宿で地質観察の実習をリードしたのは、地質調査を専門とする北大大学院生や道教大出身の教員たちだった。日中にフィールド調査で得た調査結果を夜に報告し合った。実験講座も設け、採集した火山灰中の鉱物を抽出して偏光顕微鏡下で鉱物鑑定をする実験を行った。これが団研活動の柱となり、普及活動を押し進めた。
　83 年には、「タキカワカイギュウ調査研究報告書」の出版作業に着手した。地質（地徳）、火山灰（前田）、貝化石（赤松）、花粉（大室・外崎）、植物遺体（尾上）、ケイソウ（荒戸）、ナノプランクトン（地徳）、古地磁気（吉田）、放射年代（雁沢）、哺乳動物群（古澤・木村）という研究班に分け、それぞれが各テーマの取りまとめを進めた。報告書は 84 年３月に出版された。メンバーの多くは大学院生などの若い研究者たちであった。
　一方、普及活動として、地元教師を中心とした「滝川化石シレニア研究会」の活動も精力的に進めた。子どもを対象に、空知川での発掘体験、化石クリーニング・レプリカ作成、そして講座と、さまざまな行事を展開した。「タキカワカイギュウと話そう」という普及書も冊子にまとめた。
　これらの教育と研究の結果は、最初に団体研究法を指導してくださった井尻正二先生に贈ることにした。
　ところで、井尻先生の 100 冊を越える著書の１ページに「礼状の書き方」という一文がある。「礼状はパソコンなど使わずに自筆で書くべし」と。字の下手な私は、万年筆で何度も書き直しをしながら、気持ちをしたためた。京都大学の亀井先生や十勝団体研究会のリーダー松井愈先生にもお届けした。
　悲しい出来事もあった。本冊子を湊正雄先生に送ろうとしていた矢先のことだ。湊先生はすでに北大を退職されていて、石狩管内当別町に住んでいた。滝川調査団のメンバーは、湊先生の講座から育った研究者が多かった。

私は滝川での鑑定作業の中で、湊氏のアドバイスを生かせなかったことを思い返していた。化石発見当初、川の水面からの観察と示された写真をもとに「クジラかもしれない」と安易に口にしてしまったことだ。「フィールドでの鑑定は慎重に」という先生の言葉を、私は忘れていたのだ。

そんな後悔の気持ちも込めて、私は報告書完成の手紙を書いた。それを投函しようとしていた4月16日の朝、テレビ画面から、耳を疑うようなニュースが飛び込んできた。「湊正雄氏が屋根からの落雪の下敷きになった」というのだ。早春の穏やかな日差しが降り注ぐその日、裏の雪山を散歩していた湊先生を突然襲った悲劇。知らせを聞いた私の胸は、無念の思いで張り裂けんばかりだった。

もし、この報告書を送るのが1日早ければ、湊氏はこのような事故に遭わずにすんだかもしれないと思うと、悔しくてならなかった。

封をしたままの報告書を持って、当別のお宅に駆けつけた。白布に覆われた先生の枕元で、私は悔し涙が止まらなかった。

研究の場を探す

86年に滝川市美術自然史館が開館した。タキカワカイギュウ、ヨルダニカイギュウ、ステラーカイギュウ、ジュゴン、マナティーの海牛化石レプリカを展示し、世界にも珍しい海牛博物館として幕を開けた。タキカワカイギュウの研究を深めた古澤さんは、大海牛の新種として *Hydrodamalis spissa* と命名し、英文で世界に向けて報告した。タキカワカイギュウが世界の研究者の注目を集めることになったのだ。

これ以後、大型動物化石の発見の際には海牛化石に注意するようになり、全国的に海牛化石の発見記録が増えた。古澤さんは日本の海牛化石研究の先駆者として研究をリードすることになった。

だが滝川市は、同館を研究体制を維持する博物館とは位置付けず、「展示館」として予算組みしたため、学芸員の立場が保証されないことになってしまった。残念ではあるが、「研究する学芸員」としての仕事ができる場を求めて新天地を探さざるを得なかった。

当時、ちょうど北空知の沼田町で化石発見が始まっていた。そこで私は考えた。高校の夜間定時制に職場を置き、日中は化石のフィールド調査をするという体制にしてはどうだろう。そして滝川西高校全日制教諭である古澤さんの転勤先を探した。
　当時、北海道教育委員会教育部長は私の出身高校の先輩だった。このコネを生かさない手はない。
　私は、「研究と教育の両立」ができる人物であること、日本の海牛化石研究の推進に欠かせない人材であることを訴えた。希望した北空知管内の高校の定時制に空きはなかったが、もう少し北にある旭川北高校にポストをもらった。古澤さんは、オートバイで旭川から沼田町までの 40 キロあまりを通うことになった。

相次ぎ化石発見 —— 沼田

　80 年 8 月、深川市多度志で合宿していた深川クジラ発掘調査団宿舎に、深川市の上田重吉さんから 3 点の化石が持ち込まれた。上田さんは長年時計修理業を職とした方で、その手先の器用さで化石のクリーニングは美しかった。
　化石は雨竜川の河床で発見されたもので、鯨目の左下顎骨、腰椎、肋骨であった。その後も上田さんの発見は続き、第 2 ～ 7 頸椎の 6 個、第 1 ～ 5 胸椎の 5 個が交連した状態で産出し、同一個体と判断した。まだ沼田町には支援体制はなく、深川市多度志中学校教諭の山下茂さんの協力で発掘を成功させ、私が研究を託された。私は深川クジラの研究と並行してこれらの標本の考察を進めた。
　頸椎・胸椎の特徴は、現生ではコイワシクジラに近似していた（Fig.2-21）。深川クジラはセミクジラ科で頸椎は癒合しているが、本標本の頸椎は分離しており、ナガスクジラ科であった。この化石の研究報告はお二人と共著で元十勝団研代表の松井愈教授の記念論文集に投稿した。
　85 年には、秩父別中学校に転勤した山下茂さんが、沼田町を流れる幌新太刀別川で完全なイルカ化石 1 体を発見した（Fig.2-22）。山下さんの働き掛けで、沼田町教育委員会と町内の理科サークル教員によって発掘体制が組織され、古澤さんと私が指導することになった。以後、幌新太刀別川で毎年脊椎動物化石の発見が続いた。
　86 年アシカ科、87 年海牛とセイウチ、88 年ヒゲクジラ、89 年ヒゲクジラ 2 点と鳥類、90 年アシカ、上流の支線沢からは爬虫類のモササウルス頭骨と首長竜の歯と寛骨が発見された。これらの化石を整理・管理する学芸員が必要になり、沼田町の村上実教育長の熱意で、旭川の高校教員をしながら沼田の化石研究をリードしてきた古澤さんを 92 年に沼田町職員・

学芸員として迎えることになった。古澤さんは 93 年に論文「北海道沼田町産海生哺乳類化石群の年代と古環境」を共著でまとめた。

沼田町ではレプリカ作りの体制もつくられた。滝川市郷土館の西村政雄さんの指導を受けて、町内の主婦（石田ミヨさん、川島東代恵さん、辻優子さん）はヤマシタネズミイルカやヒゲクジラやヌマタムカシアシカなどの復元レプリカ作りを始めた。

当時 40 ～ 50 歳代だった石田さんらは、発掘の現場で働くアルバイト仲間。まずはクリーニングとして、発掘された岩石ブロックからハンマーと鏨（たがね）で岩を崩し、標本の輪郭を出していく。

次にレプリカ（模型）づくり。クリーニングを終えた骨標本の型をシリコンで取り、FRP（繊維強化プラスチック）を流し込む。出来上がった最初のレプリカの欠損部分を、学芸員の指導のもとに粘土で補い、さらにシリコンと FRP でレプリカを作り、最後に本物そっくりに着色して完成だ。石田さんらは、この作業を日曜日を除くほぼ毎日行った。

92 年に古澤さんが学芸員として採用されてからは、化石の復元とレプリカ作りの技術が一体となってヌマタカイギュウやショサンベツカイギュウなど完成度の高い復元を積み重ね、評価が高まった。石田さんら 3 人はいつしか「レプリカーズ」と呼ばれるようになった。

レプリカーズの皆さんは、いろいろな動物のレプリカ作りを通じて、化石への興味を強く持つようになった。手先の器用な彼女たちは、はじめは指示通り作業するだけだったが、やがてその標本に足りないパーツは何かを想像し、学芸員に次の作業についての提言ができるまでになっていた。

90 年には私とともに長野県野尻湖でのナウマンゾウの第 11 次発掘にも参加し、北海道からの参加者の指導役としてナウマンゾウの化石を見事に掘り当てた（**Fig.2-23**）。また、夜の交流会では、北海道からの参加者 50 数人とともに前夜から練習に励んだ私の替え歌「野尻湖よいとこ節」を、全国から集まった数百人の参加者の前で披露した。

野尻湖よいとこ節　　作詞・木村方一

野尻湖よいとこ一度はおいで　つぎつぎナウマン顔を出し
黒い雪焼けの野尻湖人を　長い鼻で振り回す
野尻湖よいとこ一度はおいで　大角鹿さんかけめぐり
お月見・星空　仲良く眠る　湖底でみんなを待っている
野尻湖よいとこ一度はおいで　北から南からやって来た
おはようこんにちはで友達できる　明日も元気で掘りましょう

野尻湖よいとこ一度はおいで　一枚二枚とラミナ掘り
小鳥にネズミに石器にもみの木　みんなのハートも掘り当てる

こうした活動を通して、市民にも化石や発掘への関心が少しずつ高まっていき、レプリカ作りの技術は、2代目レプリカーズの小坂恵子さん、谷口真弓さん、河原幸子さんへと引き継がれていった。

そして94年、私は研究組織の広がりを持たせるべく、ロサンゼルス自然史博物館のローレンス・バーンズ博士を招いて日本地質学会第101回記念の国際シンポジウムを開いた。「北太平洋の海棲哺乳類化石～海に帰った哺乳類の系譜」と題したこのシンポジウムには、全国の会員40人あまりと町内外の多くの市民が集まった。バーンズ博士は講演で、アメリカ西部のこれまでの研究成果と、近年、日本とりわけ北海道で多産する化石標本についての課題と共同研究の提案を語った。

古澤さんは95年から毎年、シンポジウムが開かれた温泉のロビーで、テーマを変えながら特別展を開催した。この年、古澤さんは時の教育長西田篤正さんとともに「地域環境博物館構想」を立ち上げた。97年には「北海道化石サミット」を主催し、道内の化石をテーマにする穂別博物館、足寄動物化石博物館、中川町エコミュージアム、滝川美術自然史博物館、三笠市立博物館などの学芸員と管理運営担当者が集まり、各館の運営課題と今後の連携を誓い合った。

98年、古澤さんは絵本『時をながれる川～幌新太刀別川の物語』を沼田化石研究会で作った。これは翌年、東京の福音館書店から「月刊たくさんのふしぎ」シリーズの1冊として出版された。

絵本の中で、古澤さんは以下のように語りかけた。

「沼田町の化石は、幌新太刀別川の川床でよく観察できます。この川が雨竜川に合流する下流域では、湿原の亜炭層が広がります。200万年前ころの地層です。

『ほろにたちべつ』とはアイヌ語で『大きな・湿原の・川＝ポロ・ニタツ・ペツ』という意味で、昔は広い湿原の中をこの川が流れていたようです。この川は上流に向かって古い時代の地層が顔を出してくるのです。

10キロほど登ると、河原に白い貝化石が多数見られるようになります。直径15センチほどのおおきなタカハシホタテ貝や、5センチほどの細長い巻貝や二枚貝なども発見できます。

この地層は4～500万年前の地層であり、脊椎動物のイルカやクジラやセイウチ・アシカの仲間も発見されています。その上流でカイギュウの

1体が発見されました。そこは7～800万年前の地層です。そして、この川を上り詰めると石炭を掘っていた地層になり、3～4000万年前の炭田の地層や、首長竜とモササウルスの発見された6～7000万年前の白亜紀の地層にたどり着くのです。この川は地球の歴史を遡る『時をながれる川』なのです」

私はこの歴史を歌詞にした「沼田よいとこ節」（P.51）を歌って普及活動を行った。2代目の学芸員篠原暁さんはミュージカル「僕の見つけた地球～沼田化石物語」の原作を手がけ、プロの音楽家・大須賀ひできさんの作詞・作曲・演出によって町民あげてのイベントを成功させた。

化石館開館

98年、古澤さんは札幌に博物館を作るという計画に参画することになり、沼田町を離れることになった。沼田町の自然史研究室の後任には篠原暁さんが着任し、ホームページも開設した。

そして99年、いよいよ「沼田町化石館」が開館することになった。1階にレプリカ工房とクリーニング室・収蔵庫、2階には展示室と研究室を備えた。レプリカ作りは、町外の標本の作製も受け入れて、活動の幅を広げた。2000年には沼田町化石館年報第1号が発行され、以後継続されている。

その年、山下茂さん発見のイルカ1体の研究を受け継いでニュージーランドのオタゴ大学大学院で研鑽中だった一島啓人さんが、ネズミイルカ科の新属新種 *Numataphocoena yamashitai*（ヤマシタヌマタネズミイルカ）と命名し、国際的に発表した。論文は、化石種の同定ばかりでなく、海底で遺体が化石化していく過程（タフォノミー）までも考察していて面白い（**Fig.2-24**）。

翌年、化石発見のリーダーで、沼田中学校教員を定年退職した山下さんが篠原さんに代わり研究指導員となって活動を始める。ところが山下さんは、03年に体調を崩して急逝、04年から再び篠原学芸員を迎え入れた。

08年7月、町長になった西田篤正さんの構想で、幌新温泉に隣接する旧陶芸館を沼田町化石体験館に衣替えしてオープンし、市民向けの発掘体験活動を展開した。私は名誉館長を拝命した。現在はスタッフの菅原瑞枝さん、鵜野聡美さん、吉田佳奈美さんらのサポートするミニ発掘が人気を集めている。

展示品には、哺乳類に加えて首長竜やモササウルスの全身骨格レプリカを購入した。道内の小学校の修学旅行に発掘体験が組み込まれ、化石体験館の存在が広く知られるようになった。幌新太刀別川での発掘体験実習に参加する学校も増えたが、一方で現地の発掘件数が増えることによる露頭の保存状態も心配になってきた。そこで大人数での体験会はやめ、博物館の行事など少人数の会にとどめることで、現在も状態を維持している。

沼田町化石体験館には、新種のヌマタネズミイルカやヌマタナガスクジラをはじめ、ヌマタカイギュウや、浅野炭鉱の採掘時に発見された束柱目のデスモスチルスやサイの仲間のアミノドンなど、地元産のいろいろな動物化石が展示されている。

化石体験館が広く知られるようになると、町外からも多くの化石が寄贈されるようになった。羽幌産アンモナイトの清水コレクションや和田コレクション、林氏寄贈の脊椎動物化石も展示されている。

それらの研究を進めるために、ニュージーランドのオタゴ大学で研鑽を積んだ若い研究者、田中嘉寛さんを15年4月に採用した。田中さんは、クリーニング済み標本の中にヌマタネズミイルカの頭骨と耳骨を発見し、ヌマタネズミイルカの追加標本2体を一島さんと共同で発表した。

ヒゲクジラでは、以前バーンズ博士が指摘していた小さな下顎骨をケトテリウム科ハーペトケタス亜科、小さな頭蓋、耳骨、頸椎などをハーペトケタス（属種不明）と同定し、海外の学会誌で公表した。

田中さんは18年4月に大阪市立自然史博物館へ転出したが、本館の特別学芸員として研究を続けた。これまでプロトミンククジラ科と推測されていた頭骨の研究を深め、19年3月、新属新種のヌマタナガスクジラと分類して発表した。

19年3月、篠原学芸員が退職し、沼田町議会議員になった。化石体験館の運営は、17年に採用した地元出身の松井佳祐学芸員に引き継がれた。

19年、ヤマシタヌマタネズミイルカの化石は北海道の天然記念物に指定された。一島さんの指示に沿って、レプリカ工房のスタッフ高山陽子さん、長谷川文子さんと金工技術者の高田勲さんが協力して骨格のレプリカ復元を行っている。この復元標本は沼田町化石体験館に展示されることになっている。

クジラ化石の全身骨格復元 ── 新十津川

84年8月21日、空知管内新十津川町を流れる尾白利加川（おしらりかがわ）支流の幌加尾白利加川河床で、筑波大学の学生・楓由美子さんが大型動物の化石を発見し、教育委員会に報告した。

9月12日の現地調査には新十津川農業高校の田中三郎さんと滝川市郷土館の学芸員だった古澤仁さんが参加。発見された化石は水生哺乳類のクジラの頸椎・胸椎・肋骨であり、露出部分の数が多く、貴重であると判断した。17日、私は現地調査を行い、22、23日に発掘することにした。

発掘の結果、頭部は川下側に位置し、すでに化石骨の位置から外れて流失しており、下流域に転石を探したが発見できなかった。化石の上流側に位置する尾椎は、V字骨も伴って保存が良好だった（**Fig.2-25**）。発掘は24日まで延長して行い、成功に終わった。

85年4月、教育振興会理科部会と町教委有志を中心に、約30人で「新十津川クジラ化石研究会」が組織された。クリーニングから復元までの活動に取り組んだが、現職の教員は時間の確保が難しい。そんな時、地元中学校の理科教諭・中田勝利さんが定年を前に職を辞し、化石のクリーニングとレプリカ作成に専念することを決断してくれた。

レプリカ作成では滝川郷土館の西村政雄さんの指導を受けた。化石発掘を請け負った久保田組専務の妻・久保田勝子さんが化石に興味を持ち、友人の高橋泰子さんを誘って中田さんを支え、クリーニングと標本作製に取り組んだ。実に、化石クリーニングに3年、レプリカ作製に3年を要した。

研究の結果、化石の頸椎はすべて遊離しており、コククジラ科またはナガスクジラ科であることが分かった。第1頸椎や上腕骨の比較などから、コククジラに最も近似しているとみられたが、確定には至らなかった。

化石の全身骨格の復元展示の資料を得るために、中田さんと私は東京の国立科学博物館の鯨類標本資料室を訪ね、写真記録と計測を行った。中田さんは久保田さん、高橋さんとともに全身骨格の復元に挑戦した。完成した標本は、町内の物産館「食路楽館（くじら）」に展示された（**Fig.2-26**）。

この化石の産出層は幌加尾白利加層であり、石狩川の対岸滝川市のタキカワカイギュウの産出した鮮新世前期500万年前の地層と同じ海に生きた生物であった。タキカワカイギュウの母岩は砂礫質であったが、新十津川のクジラの母岩は細粒の泥岩質であり、化石堆積環境は、沖合のより深い海であると推測された（**Fig.2-27**）。

3年に及んだクリーニングは重機の力も借りて進められた。硬い母岩が2人の女性の手を痺れさせたのだ。

Fig.2-1
北広島で発見されたナウマンゾウの右下顎臼歯
新聞紙上で「恐竜のもの」と紹介されて話題となった標本。この臼歯の正体を追跡することで、北広島化石動物群の存在を明らかにすることができた。

時代		地層名	厚層(m)	模式柱状	岩相	哺乳動物化石
完新世		沖積層	4+		シルト・砂 レキ・泥岩	
更新世	後期	支笏火山 噴出物	12		軽石流 降下軽石	
		小野幌層	15		粘土・シルト 砂・泥岩・レキ	
	中期	竹山礫層	4		レキ	
		音江別川層	24		シルト・泥岩 砂 シルト～砂 レキ	*Bison* sp. *Mammuthus*
		下野幌層	60+		シルト・泥岩 砂 砂・シルト レキ	*Hydrodamalis gigas* *Odobenus rosmarus* *Pinnipedia* *Mysticeti*
鮮新世	前期	裏の沢層	30+		軽石質砂 レキ質砂 砂・シルト レキ・砂	

Fig.2-3
野幌丘陵南部の地質層序（木村・外崎ほか、1983）
最下層の裏の沢層から上位に向かって海進と海退を繰り返し、基底礫層から細粒物の堆積へと繰り返されたことが分かる。主な動物化石群は下野幌層の基底礫岩層中と音江別川層から産出していた。

Fig.2-2

音江別川流域の砂利採石現場の露頭（北広島）

露頭に見られる地層の下部層は、偽層の発達した礫質粗粒砂層であり、数センチ程度のシルト層を挟み、層厚は 30 メートル+ である。その上位には約 80 センチの礫層を基底とし、不整合で下野幌層（層厚約 60 メートル）が堆積している。地層の走行は南北で、10 度前後で西に傾斜している。今は緑地に整備されている。上は 1976 年、下は 1980 年撮影（木村ほか、1983)。

下野幌層
裏の沢層
←下野幌層基底礫層
←化石産出点

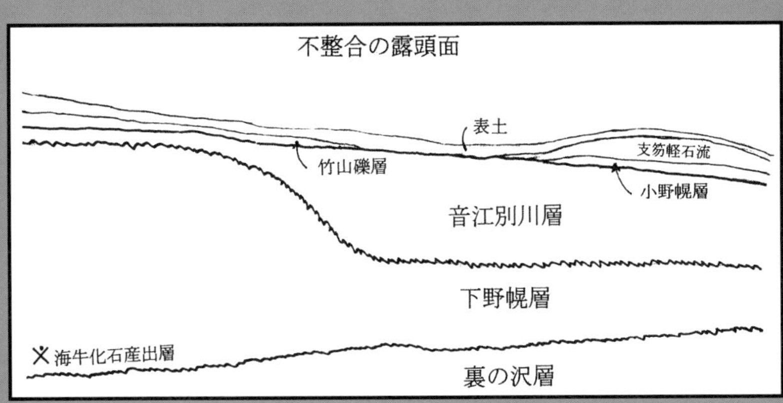

Fig.2-4
不整合露頭と化石産出層（木村・外崎ほか、1983）
下野幌層最下部の基底礫層中に海牛の１体が横たわっていた。肋骨４本が見える(P.74下)。体はすでに採石のトラックで運ばれプラントのローラーの上を走っていて、一部は鎌田さんに拾われた。セイウチやヒゲクジラ化石も同層準から発見されたと思われる。下野幌層を切り込んだ不整合面が明瞭で、その上に音江別川層が堆積する。

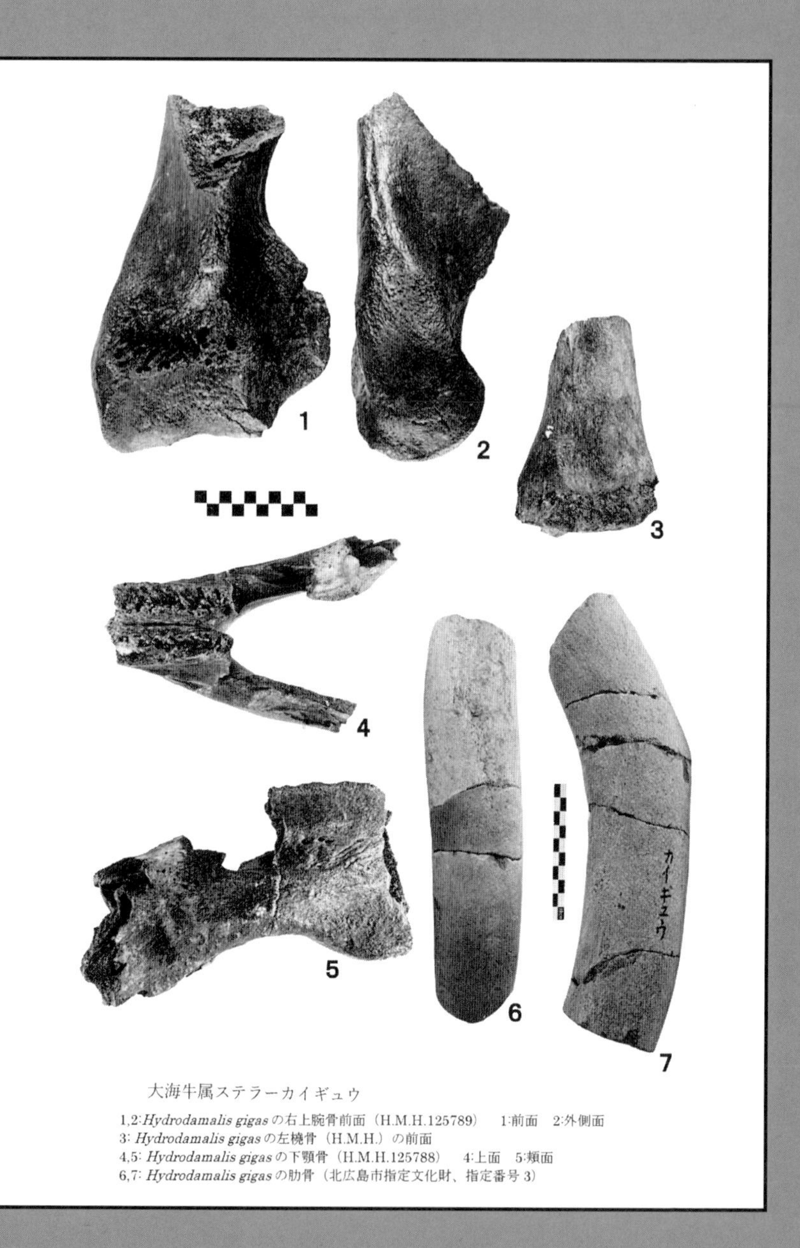

Fig.2-5

大カイギュウ属（*Hydorodamalis*）ステラーカイギュウの標本

標本は採石時に破断されて採集されたが、破断面が新鮮であり、全身が良好な状態で埋没していたことは地層中の肋骨の保存状態からも明らかである。丈夫な骨組織の上腕骨・肋骨・下顎骨や頭の断片も多く採取され、篠原・木村・古澤（1985）が報告した。

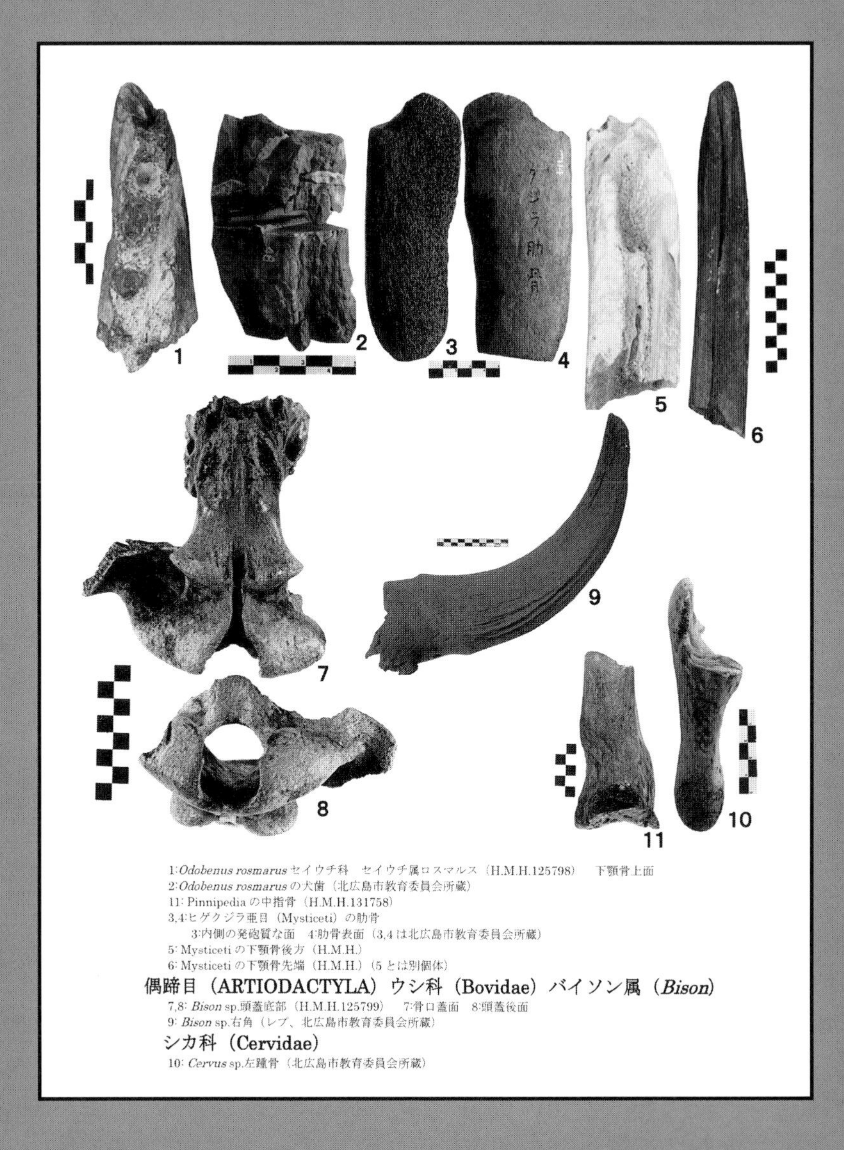

Fig.2-6

北広島で発見された海生・陸生のいろいろな動物化石群

海生のカイギュウ、セイウチ（石栗・木村、1993）、ヒゲクジラ化石のほか、陸生の長鼻目ゾウ、偶蹄目ウシ科のバイソンとシカ科のシカも産出し、これらを北広島化石動物群と呼ぶことにした。

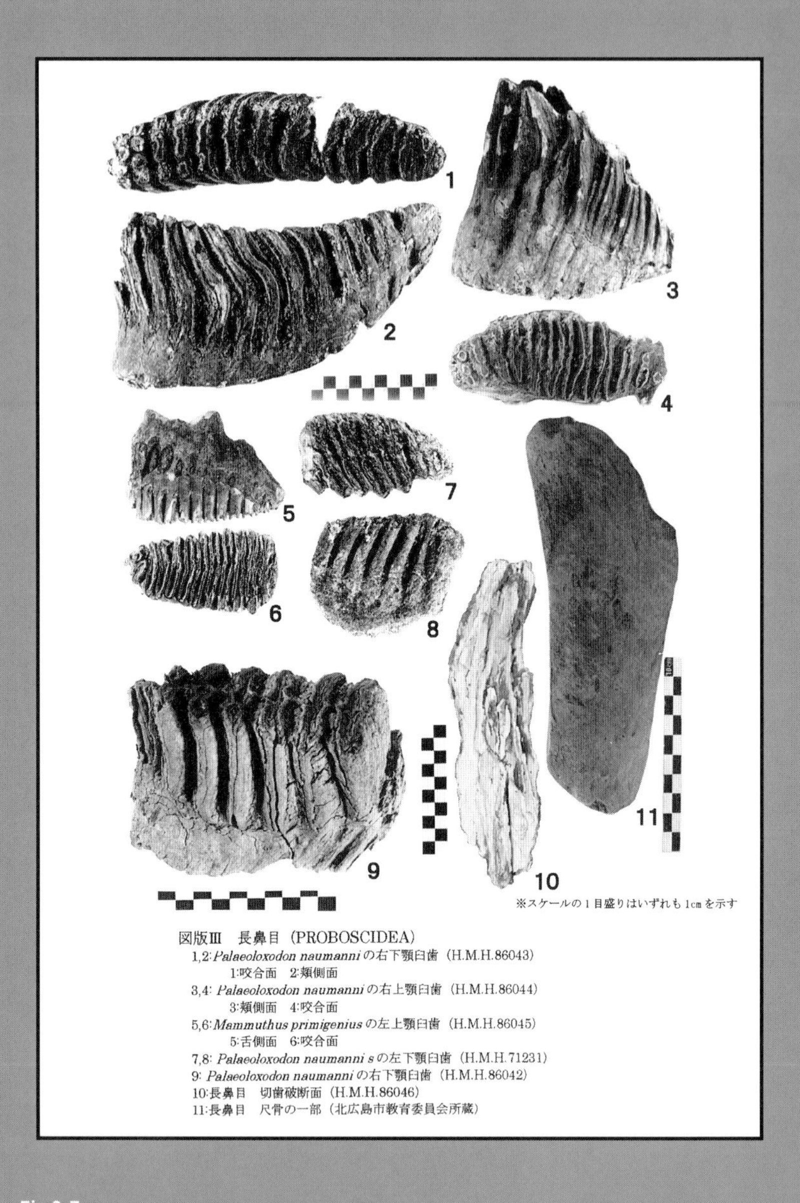

図版Ⅲ　長鼻目（PROBOSCIDEA）
1,2:*Palaeoloxodon naumanni* の右下顎臼歯（H.M.H.86043）
1:咬合面　2:頬側面
3,4: *Palaeoloxodon naumanni* の右上顎臼歯（H.M.H.86044）
3:頬側面　4:咬合面
5,6:*Mammuthus primigenius* の左上顎臼歯（H.M.H.86045）
5:舌側面　6:咬合面
7,8: *Palaeoloxodon naumanni s* の左下顎臼歯（H.M.H.71231）
9: *Palaeoloxodon naumanni* の右下顎臼歯（H.M.H.86042）
10:長鼻目　切歯破断面（H.M.H.86046）
11:長鼻目　尺骨の一部（北広島市教育委員会所蔵）

Fig.2-7

北広島で発見された長鼻類

マンモスの左上顎臼歯（5、6）は音江別川層からの産出であると発見者の屋敷公男さんから確認した。ナウマンゾウの左上顎臼歯（7、8）は元札幌大学の木村英明さんが調査中に採石の中から発見して北海道開拓記念館に寄贈されていた。他の 3 個のナウマンゾウ臼歯（1 ～ 4、9）や切歯（10）はプラントで鎌田太郎さん、吉呑軒治さんが採取したものであり、産出層は確定できなかった。4 個のナウマンゾウの臼歯は別個体のものであり（樽野・河村、2007）、ナウマンゾウの群れが隆起前の野幌平原に棲んでいたことになる。

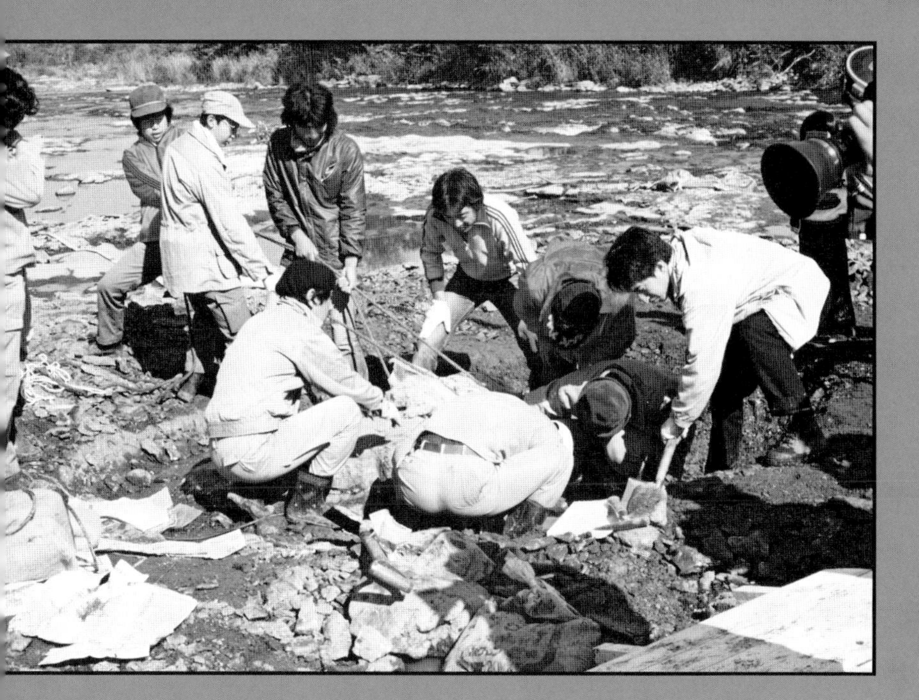

Fig.2-8

歌登でのデスモスチルスの発掘（山口昇一ほか、1981）

河床には二枚貝の化石が多く分布しており、休憩時間に周辺を散策していた学生の一人がさらに頭の１個を発見した。この標本は本体標本とは別に道教大札幌校地学教室でクリーニングし、永田明宏さんが卒論研究の資料とした。その後、哺乳動物化石の研究の機会を求めて訪ねてきた鵜野光さんが、北大大学院に籍を置きつつこの頭蓋を記載研究し、2004 年に UNO and KIMURA（2004）として学会誌で報告した。

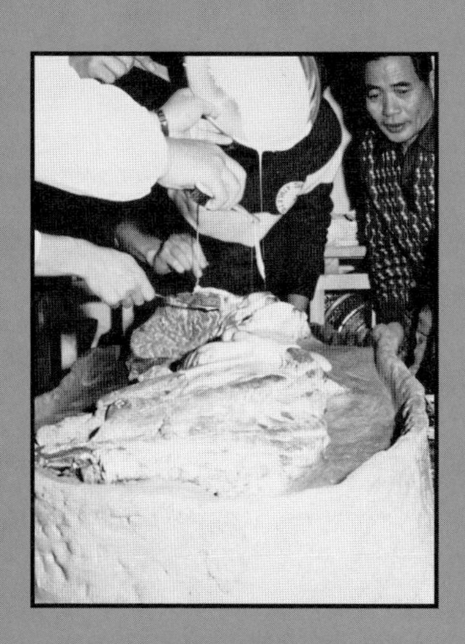

Fig.2-9

クリーニング後のシリコンによる型取り作業

化石を解体する前に、産出状況を残すべく産状模型の作成に取り組む。

Fig.2-10

デスモスチルスの後半身を発掘

前年に掘った前半身のレプリカを設置し、後半身の広がりを予測して発掘範囲を決めて作業に取り組んだ。実質 3 日間での発掘だった。

Fig.2-12

十勝の本別町で発見されたデスモスチルスの右上顎臼歯（木村、1977）

私の化石記載研究の処女論文になった標本。この標本は発見者の宝物となり、家業のそば店のカウンターに展示されている。いつかデスモスチルスを展示する足寄動物化石博物館で広く公開されることを期待している。

Fig.2-11
歌登デスモスチルス
束柱目はデスモスチルス科とパレオパラドキシア科に分類されるが、本標本は中期中新世に生きた最後のデスモスチルス *Desmostylus hesperus* に分類された。国内最初の発見（1902 年）の岐阜県瑞浪市の戸狩標本は前期中新世の標本で、別種の *Desmostylus japonicus* に分類されている。これらの先祖が、後期漸新世から発見された足寄産のアショロア属ラチコスタ *Ashoro laticosta* なのだ（P.48 の系統図参照）。

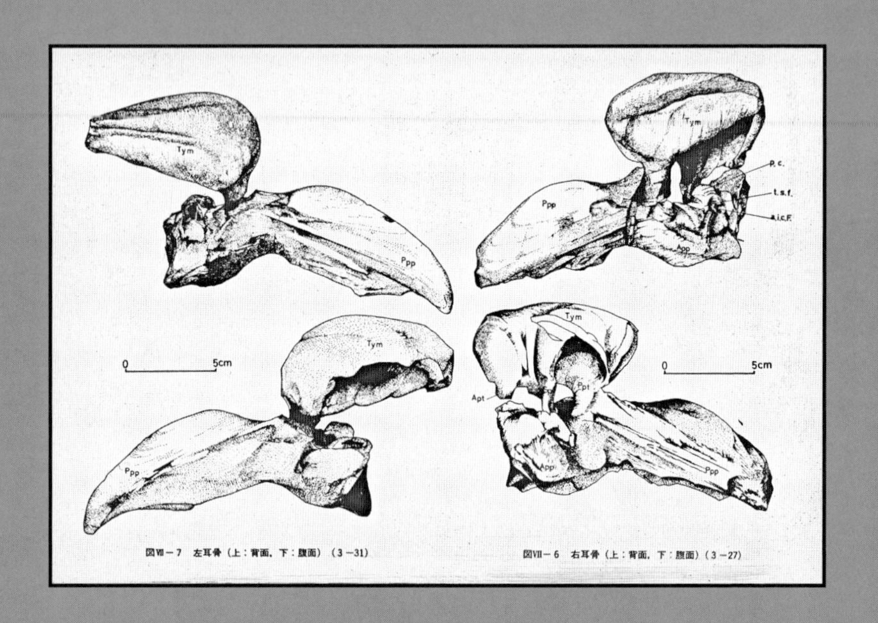

Fig.2-13

フカガワクジラの耳骨（古澤仁、1982）

左は左耳骨、右は右耳骨（それぞれ上は背面、下は腹面を示す）。水中生活者のクジラは視力での知覚活動は苦手なので、聴覚によりエコロケーション（反響定位）やコミュニケーション（情報伝達）を行う。そのため耳の構造が特殊化、大型化した。

Fig.2-14

フカガワクジラの産出露頭

頭骨、下顎骨、脊椎骨、耳骨、肋骨が見られる。産出数は全骨格の 1 割にあたる 37 点と少なかったが、頭蓋骨、下顎骨と左右の耳骨が残存していたので種の特定に至り、2020 年に新属新種 *Archaeobalaena dosanko* として発表した（Tanaka・Furusawa・Kimura, 2020）。北海道のクジラ化石として最初に手掛けたこの標本に「道産子」の名を付けた。

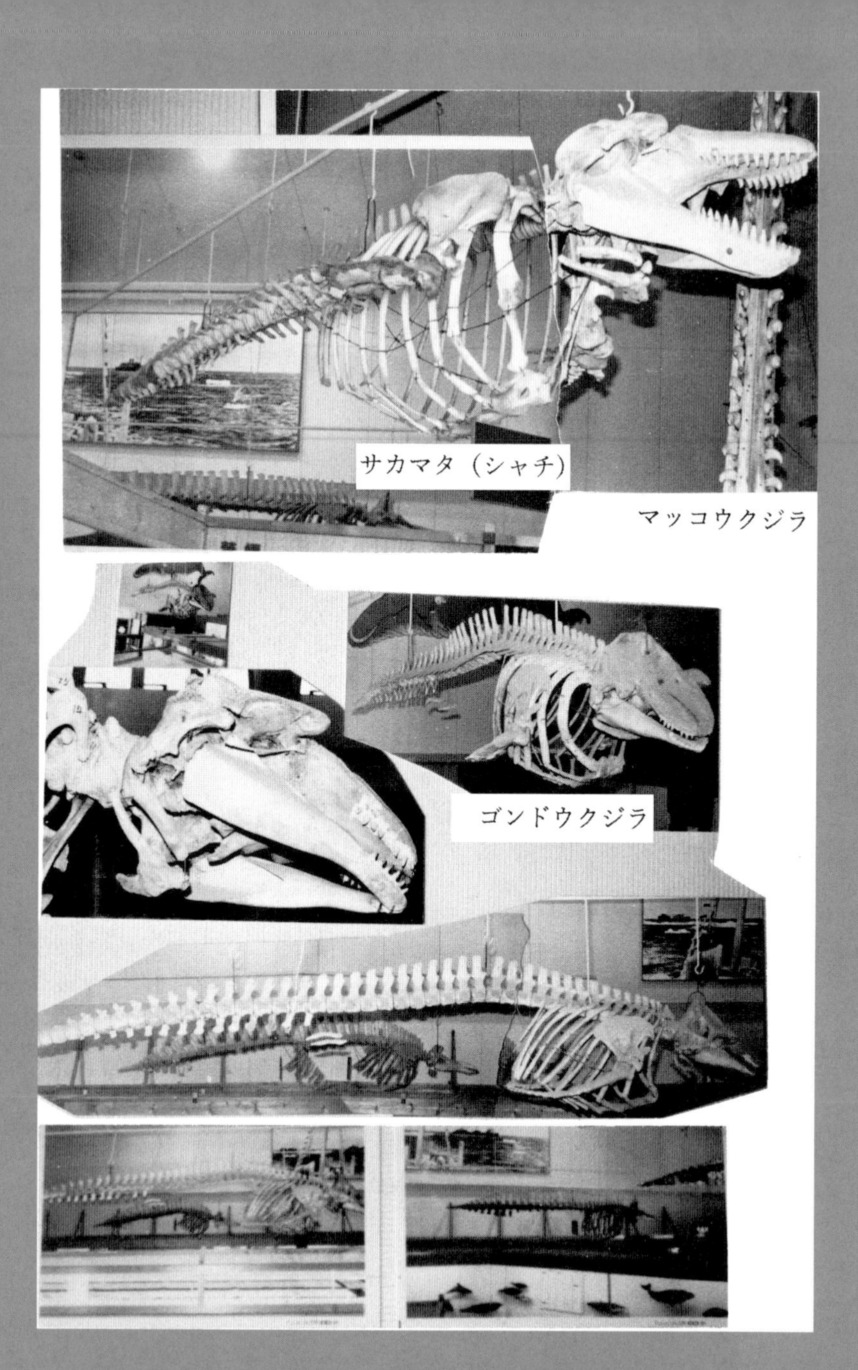
サカマタ（シャチ）
マッコウクジラ
ゴンドウクジラ

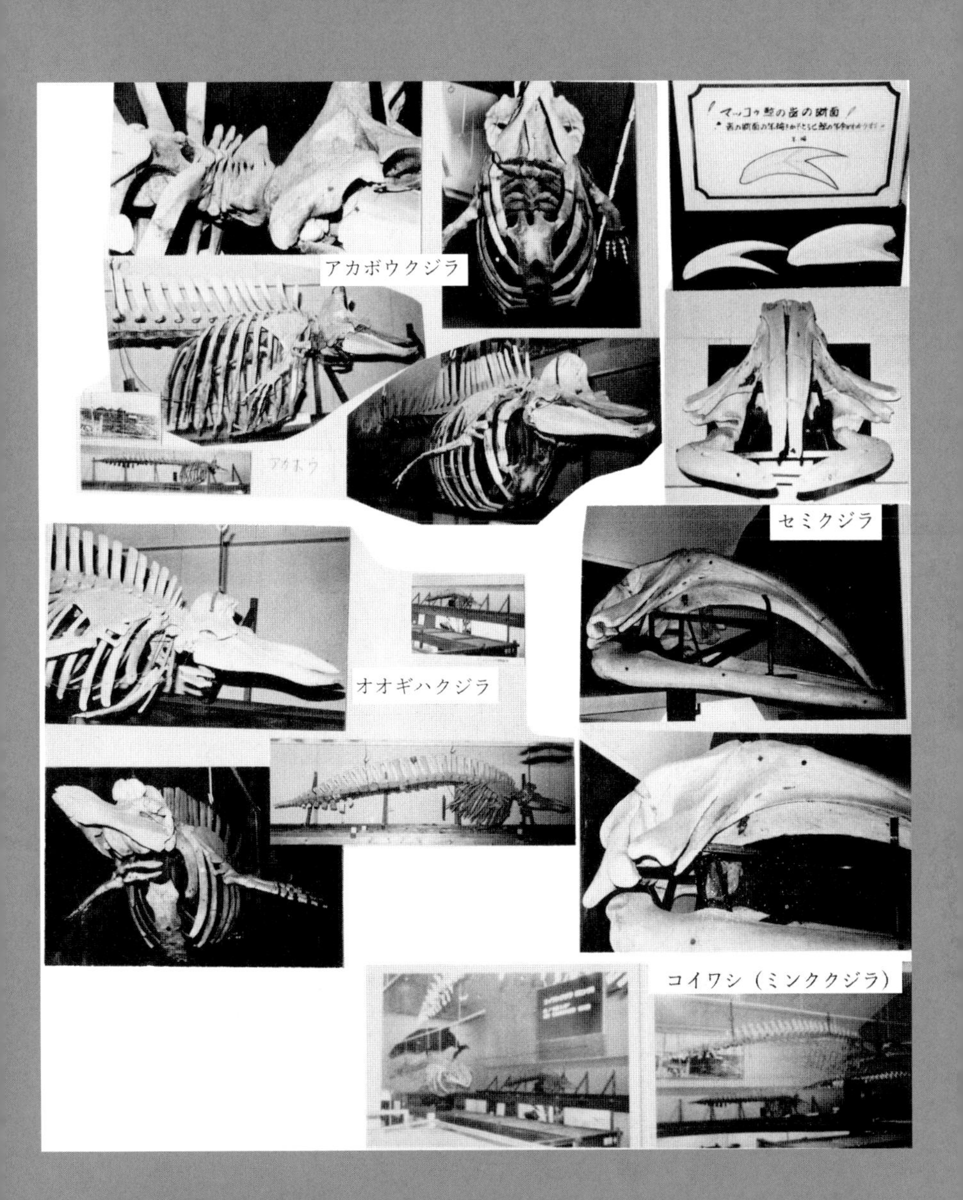

Fig.2-15

ストランディング

1981 年春、私は宮城県鮎川（現石巻市鮎川）の鯨博物館を見学して記録収集をした。組み立てられた標本が 7 体展示されており、他にも内臓、胎児など、国内最多のクジラ標本展示数を誇っていたが、2011 年 3 月 11 日の東日本大震災の大津波ですべて波にのまれてしまった。

Fig.2-16

十勝太の海岸に打ち上げられたコククジラ

足寄動物化石博物館が資料収集に乗り出し、帯広畜産大学の学生実習を兼ねて解体に取り掛かった。足寄町付近に堆積する軽石質で吸水性のある地層に埋めて、数年を待って骨格を採掘し、1体のモデル標本がそろった。

Fig.2-17

タキカワカイギュウの産出状況（タキカワカイギュウ調査報告書、1984）

動物が死んで海底に沈む時は、重い背骨の並ぶ背面を下に、腸内細菌によりガスが溜まった腹部を上にして沈んでいることが多い。タキカワカイギュウも仰向け状態で、脊椎が保存良く配列し、肋骨も胸を開いて埋没していた。

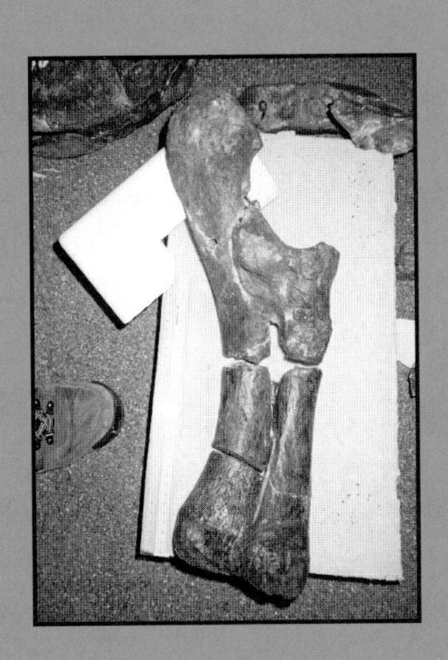

Fig.2-18

大カイギュウの前腕骨

橈骨と尺骨が平列で骨端が癒合していて腕をねじる運動はできないが、尺骨の肘頭は発達しており、肘を折り曲げ、餌を口に手繰り寄せることは可能だ。クジラの腕は肘頭がなく、肩から指先まで一枚板だ。

Fig.2-19

復元されたタキカワカイギュウ（*Hydrodamalis spissa*, Furusawa, 1988）

古澤学芸員が欠損部を補強した個々の骨格をもとに、高齢者事業団のメンバーがレプリカを作り整形復元した。展示台上では化石の産出状況を再現した。

Fig.2-20
ヨルダニカイギュウ（*Dusisiren jordani*）
アメリカ西海岸の地層（中新世）から発見された。タキカワカイギュウが、歯を失った代わりに咀嚼板を上・下口腔に持っていて、寒流域の海藻を食して体を大きくしていったのに対し、ヨルダニカイギュウは歯を持つ暖流域のカイギュウで、現生のジュゴンへと引き継がれた。

Fig.2-22
ヌマタネズミイルカ全身骨格の発見
（Ichishima・Kimura, 2000）
地元中学校教員・山下茂氏による発見。沼田町挙げての発掘となり、化石が町の目玉のひとつとなった。ニュージーランド・オタゴ大学大学院に学ぶ一島啓人さんが研究し、新属新種の *Numataphocoena yamashitai* と命名。2019 年、北海道の天然記念物に指定された。

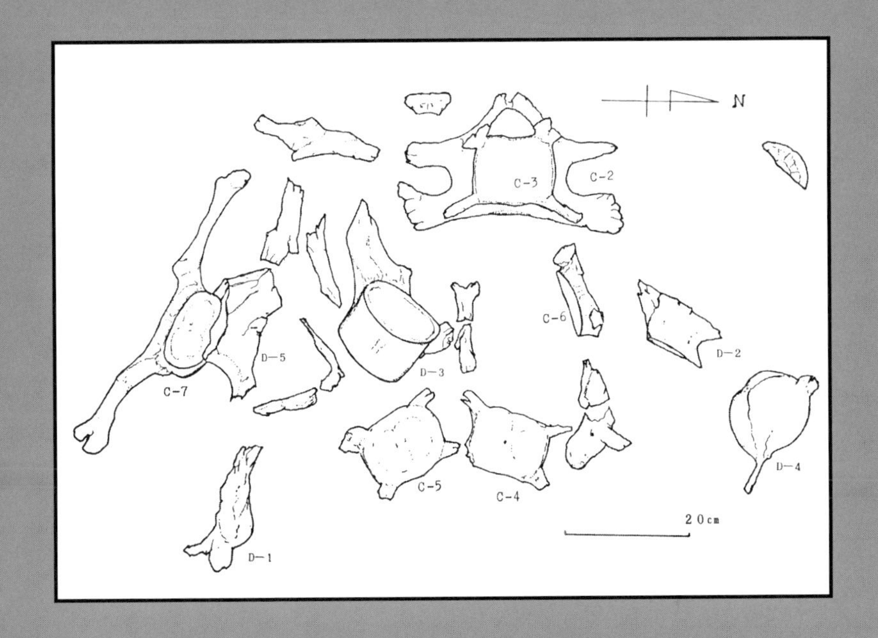

Fig.2-21

雨竜川河床で発見されたヒゲクジラ亜目ナガスクジラ科の頸椎と胸椎

深川市の上田重吉さん発見。山下茂さん協力でスケッチと発掘を進めた。頸椎（C）・胸椎（D）が集中的に産出し、同一個体である。頸椎の癒合はなく、すべて分離していることから、ヒゲクジラ亜目にナガスクジラ科もしくはコククジラ科が予想される（木村ほか、1987）。

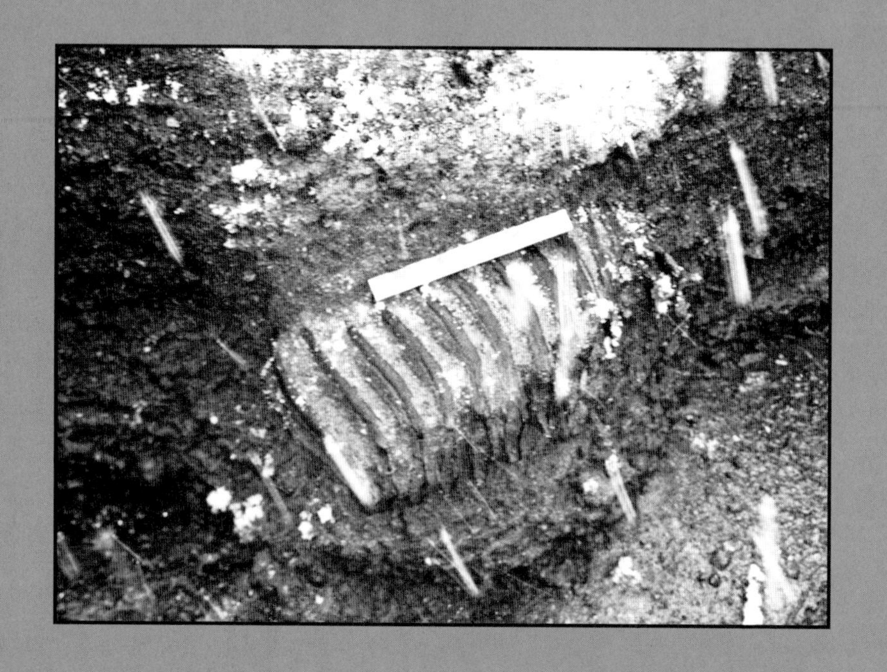

Fig.2-23

ナウマンゾウ下顎骨の発見

長野県野尻湖の発掘行事は 3 年ごとに開かれ、北海道野尻会は有志が参加してきた。90 年、50 人以上が参加するなか、沼田町のレプリカーズが臼歯を掘り当てた。

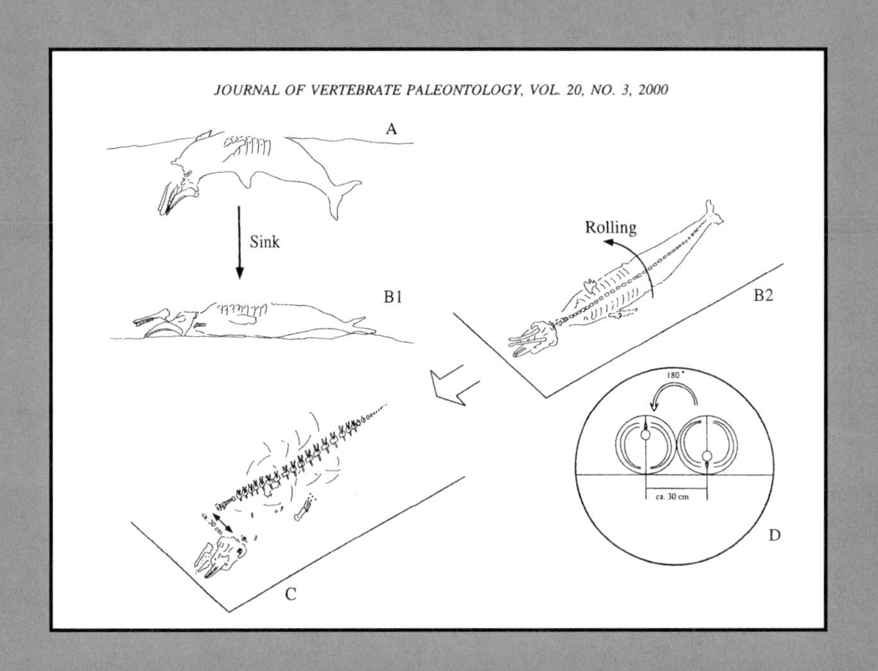

Fig.2-24

ヤマシタネズミイルカが化石になる様子（Ichishima and Kimura, 2000）

遺体は内臓から腐敗が始まって腹にガスが溜まり、仰向けに沈む（A、B1）。体は波の力で回転しうつ伏せになったが、腐敗が進行していたため、首から上は仰向けの姿で埋没して化石になった（B2 ～ D）。

Fig.2-25

シントツカワクジラ発掘の様子

尾白利加川の川筋に、頭を下流に、尾を上流に向けて固い母岩に埋まっていた化石を重機で発掘する。種の特定には頭の化石がほしかったので、下流域にそれらしき母岩を探したが発見できなかった。残された部位からクジラの種を推定するしかなかった。

Fig.2-26

復元展示されたシントツカワクジラ（木村、1992）

頸椎７個はすべて遊離しており、骨端線が認められることから若い個体と考えられる。第１頸椎の翼状骨は椎体の高い位置から尾方へ突出する。橈骨・尺骨の幅が前後径に比べて小さいことはヒゲクジラ亜目コククジラ科に近似する。

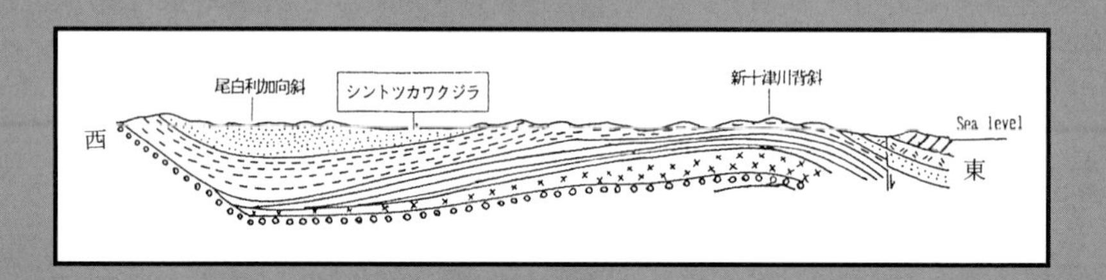

Fig.2-27

シントツカワクジラ産出地域の地質構造（木村、1992）

タキカワカイギュウと同時代の鮮新世前期、約500万年前の幌加尾白利加層からの産出。当時の北海道の海は、現在の留萌から沼田～深川～新十津川～滝川～岩見沢～石狩へと広がっていた。現在の石狩平野は昔の海峡の名残なのだ。

発掘は続くよどこまでも

——羽幌、初山別、阿寒、天塩、札幌

羽幌よいとこ節

作詞・木村方一

ランララランラ ランラララン　ランララランラ ランラララン
羽幌よいとこ一度はおいで　東に源流訪ねれば
白亜の海の役者が揃う　アンモの世界のにぎやかさ
ランララランラ ランラララン……（以下繰り返し）

アンモ好みのモササウルスや　魚好みの首長竜
岸辺を求めてウミガメたちが　ワニと競って巣づくりさ

羽幌の空には海鳥群れる　水中めがけてまっしぐら
サメに襲われ首ちぎられて　アンモに埋もれて地に眠る

羽幌よいとこもう一度おいで　三紀の初めにゃ陸になり
羽幌の石炭この地に育ち　古代の森林思わせる

天売・焼尻しぶきを上げた　海底火山のその時に
本土の岸辺にデスモが泳ぎ　陸に上がって昼寝時

羽幌の海には魚も多く　アシカにクジラにイルカたち
身をくねらせて狩りする姿　羽幌の大地は歴史の地
ランララランラ ランラララン　ランララランラ ランラララン　ランラン

「化石と町おこし」とは、わがふる里の昔を思い起こし、時の流れの重みを感じ、今、そしてこれからの「おらが町の行く末」へどのように展開していくのかを考えること。

珍しい財産として、発見された化石の展示と保管にこぎつけた町、博物館を立ち上げて学芸員を置き、今後の展開を期待している町、世界に誇れる化石を持ちながらなかなか展示もおぼつかない町など事情はさまざまだが、北海道の化石の掘り起こしは着実に積み重ねられている。それらは人類の知的財産として、後世に受け継がれなければならない。

東北 6 県の面積を上回る広い北海道各地で繰り広げられてきた発掘のドラマと、産出する時代ごとの化石が語る物語に耳を傾けていこう。

海生哺乳類の新属新種化石が続出 ── 羽幌

留萌管内羽幌町での最初の脊椎動物化石発見は、1930 年（昭和 5 年）の魚類化石だ。私は、北大水産学部の尼岡邦夫教授と石田実さんの協力を得て、カサゴ目フサカサゴ科メバル属メバルであると報告した。羽幌町は白亜紀層のアンモナイトの産出が多いことから、町外からの採集者によって、多くの標本が持ち出されている。

営林署の元職員で地元出身の清水守さんは、「入林許可書」を取得せずに山道入り口の施錠を破壊して盗掘に入る化石マニアが後を絶たないことに心を痛めていた。そこで、持ち出される前に化石を町内に保存しようと、地元の化石愛好家で「羽幌古生物研究会」を組織して保存に努めた。

採集した標本の多くは羽幌町郷土資料館に寄贈展示して公開したが、展示場所は広いとは言えず、会員が個人所有している標本も多い。会長の清水さんは私に、「自分の化石の使い道は先生に任せる」と言い残して他界した。この清水コレクションを生かすべく、私が所属する沼田町化石体験館で寄贈を受け公開展示を行った。会員の和田昭三さんのコレクションも、奥様からの申し出により同館に保存した。

清水さんの化石収集活動の中では、脊椎動物化石の発見もあった。こうした発見が続く中で、私は羽幌産脊椎動物化石の研究に取り組んだ。

最初に、69 年の和田吉信さん発見のデスモスチルスの臼歯を報告した。77 年に豊島貞夫さんが発見したイルカ頭蓋はネズミイルカ科の新属新種トヨシマハボロネズミイルカだ（**Fig.3-1**）。同年羽幌高校の生徒が発見、発掘した標本は、イッカク科の新属新種ハボロムカシイルカとして報告した（**Fig.3-2**）。

93年、清水守さんが発見したイルカ頭蓋2個のうち1個は *Haborophcoena toyoshimai*（Ichishima and Kimura, 2013）の幼体であり、他の1個はハボロネズミイルカの新種 *Haborophocoena minutus*（Ichishima and Kimura, 2009）として報告した。全部で4体のイルカ化石を世界に報告し、認知されたのである。

これらの頭蓋化石の研究は、恐竜少年であった一島啓人君の努力による。小樽商科大学を卒業して会社勤めをしていたが、25歳で退社して、恐竜研究の道を求めて私の研究室を訪ねてきた。

道内では恐竜化石の発見は極めて少ない。私はクジラ化石の研究を勧めた。聴講生・研究生として2年間研修を積んでから、信州大学の秋山雅彦教授の大学院研究室にお世話になり、クジラの頭蓋（穂別産）を新種の *kentriodon hobetsu* と解明し、94年に京都で開催された国際地質学会にポスター発表して、世界のクジラ化石研究者の目にとまった（**Fig.3-3**）。

更に研鑽を積むため、ニュージーランドのダニーデンにあるオタゴ大学の Fordyce 博士の元に進学した。在学中に沼田産のイルカ1体の解明に取り組み、新属新種の *Numataphocoena yamashitai* を報告した。そしてクジラの研究者として学位を取得して帰国した。

タイミング良く、福井県立恐竜博物館開館で学芸員の募集があり、京都大学の亀井節夫先生に推薦をお願いして学芸員に採用された。

以後、羽幌のクジラ化石研究に取り組むことになった。そして一島さんは4標本を新属新種として解明した。いずれの標本も、道教大札幌校地学教室の学生の卒業論文テーマとしてクリーニングと大分類までは手がけていたが、属種の特定には至っていなかった。一島さんの努力により解明され、一島さんはクジラの系統図を新提案した（**Fig.3-4**）。

78年、松原友治さんが発見した頭蓋・下顎は、金谷健司さんが卒論研究でヒゲクジラ亜目ナガスクジラ科として98年に報告した。2017年からは田中嘉寛さんが追加研究中である。

1990年に吉松保さんが発見した下顎標本は、木村・広田・清野（1997）が食肉目鰭脚亜目アシカ科アロデスムス亜科アトポタルス属と報告した。さらに同じ年、クビナガリュウ椎骨群を羽幌古生物研究会と私が発掘し、郷土館に展示した。

94年、吉松竜治さんが卵2個を発見した。私は北海道大学の向後隆男氏、滝波修一氏、小平沢英男氏、箕浦名知男氏らの協力のもと、殻の顕微鏡観察からカメの卵と報告した（**Fig.3-5～7**）。

96年に河野隆二さんが発見した標本は、大野征洋さんがクリーニングをして、下顎骨・頸椎・胸椎・肩甲骨・烏口骨・上腕骨を含むことを確認した（Fig.3-8）。

白亜紀のワニ化石は日本国内では初の発見であり、これが種同定の指標であるタイプ標本となる（Fig.3-9）。標本は北大総合博物館に収蔵（UHR33283）することにした。

2000年には、清水守さんが羽幌海岸で採取したノジュール（化石の入った球状の石）の一つが魚類スズキ目サバ科の頭蓋であると鎌田めぐみさんが報告した。種の同定には至らなかったが、標本は札幌市博物館活動センターに保存（SMAC3228）してある。

世界初！　胎児を宿した海牛化石 ── 初山別

67年（昭和42年）、留萌管内初山別村在住の長坂茂吉さんが、水田を麦畑に改良するための川の切換工事中に河床で化石を発見した。標本を庭先に展示していたところ、化石収集家で稚内市在住の宮内敏哉さんの目にとまり、胸郭部の一番大きいブロック（2×1.5メートル）を、同行者で姫路市の化石収集家・小林平一さんにタバコ銭ほどの金を受け取り譲った。残部の50センチ大のブロックは旭川市の水門憲和さんに、残りは長坂さんの孫が通う初山別村豊岬小学校へ寄贈した。宮内さんはその後、露頭を発掘して歯3本を発見し、所蔵していた。私と古澤さんも追加発掘を行い切歯と頚椎の一部を発見した。

88年9月、初山別村で大型クジラの下顎骨を名古屋大学の学生が地質調査中に発見し、小澤智生助教授が村教育委員会の協力を得て発掘し、大学へ運んだ。その時、長坂さん発見の化石のことを知り、姫路の小林さんの住所も突き止めていた。

90年6月7日、小澤さんが小林さんに電話で問い合わせたところ、小林さんは「クリーニングは自分の近くで進めたい」と言い、化石の引き渡しは断られていた。

90年、豊岬小学校に赴任した校長が、校内でほこりをかぶった状態で展示されていた化石を目にし、化石好きの甥・山下茂さんに知らせた。さっそく初山別村を訪ねた山下さんは、タキカワカイギュウのクリーニングでの経験から、この標本が海牛のものであると確信し、当時旭川にいた古澤仁さんと私に連絡した。

同年6月13日、古澤さんと私は、小学校の化石を確かめてから、発見者である長坂さんを訪ね、事情を聞いた。化石の産出層は中新世の金駒内層であった。私たちは村教委に報告し、分散した化石を集積して村として研究を支援することを要請した。

教育次長の井上勝広さんは積極的に取り組んでくれた。小学校展示の標本には、下顎骨・頸椎・胸椎・肋骨・上腕骨の一部も確認できた。この化石のクリーニングと研究を古澤さんに託すことで話がまとまり、沼田町へ運搬した。

7月21日、私は井上さんの運転で稚内の宮内さんを訪問し、歯3本を借用し、後に譲り受けた。また、9月8日には旭川市の水門さん宅を訪問し、玄関に飾ってあった標本を初山別村に寄贈していただくようお願いして標本を引き取った。

残すは本州に運ばれた大きいブロックである。私は姫路の小林さんを訪ね、「化石研究のために」と引き渡しをお願いした。

ところが持ち主は、

「化石はクリーニングなんかすると価値が落ちるんですよ。庭石のように飾って眺めておくのが一番いい」

と言ってタバコをくゆらすばかり。結局、話し合いは最後まで平行線をたどった。

10月下旬、私と古澤さん、嵯峨山さんらは化石産出地域の海牛化石産出層である金駒内層の地質年代と古環境について「北海道北部初山別地域の海牛化石産出層（金駒内層）の地質時代と古環境」として地質学雑誌（第101巻第5号）に報告した。

化石のクリーニングは、沼田のレプリカーズのメンバーによって順調に進行した。やがて、腹部の肋骨周辺を進行中に、まったく太さの異なる肋骨が配置よく表れてきた（**Fig.3-10**）。

胎児の標本に違いない。妊娠中の母親だったのだ！

世界の化石界でこんな例は聞いたことがない。後に世界のカイギュウ研究の第一人者・米ハーバード大学のドムニング博士に見せたところ、彼も初めて見たと言い、強い興味を示した。

木村は再度、姫路の小林さんを訪ね、この化石の貴重さを訴えて、この化石の前胸部の研究への協力をお願いしようとしたが、門前払いで面会すらしてもらえなかった。

結局、化石胸部の一部は帰らぬままだが、十分に世界を驚かせる標本であり、今後の古澤さんの研究発表が待たれる。

親子の復元骨格は、古澤さん指導のもと、沼田レプリカーズの手で現代によみがえり、初山別村自然交流センターの展示場所から日本海を眺めている。
　その後、小林さんは他界され、標本は姫路科学館に寄贈された。「今度こそクリーニングのチャンス到来！」と期待したが、遺言には「化石はそのまま残せ」とあったという。化石たちにとっては、何とも浮かばれないことである。

デスモとパレオパラドキシア —— 阿寒

　阿寒動物化石群発見の原動力は瀬川勲さんの熱意だった。
　瀬川さんは、阿寒町（現釧路市阿寒町）知茶布ポン川流域でデスモスチルス臼歯など多数を発見・発掘し、所持していた。道教大釧路校の岡崎由夫教授の講義で、デスモスチルスおよび臼歯について学び、その岡崎教授のアドバイスにより、私に研究が託されることになった。以後私は、瀬川さんのガイドを得て、阿寒町教育委員会と連携して発掘と研究体制を組むことになる。
　発掘調査は 1995 年から 2000 年まで続けられた。私たちは、十勝団研や滝川調査団、深川調査団で培った団体研究法による研究・教育組織を立ち上げ、調査に臨んだ。
　化石産出層の地質時代と古環境を解明するため、層序学（八幡正弘）、花粉学（五十嵐八枝子）、貝化石（鈴木明彦）、脊椎動物鰭脚類（甲能直樹）の専門家が集まり、他の脊椎動物化石については、道教大札幌校地学教室の学生が卒業論文の研究テーマとして発掘と研究に取り組んだ。発掘した骨格標本はタクサ（動物の種類）ごとに分担し、化石の動物種と部位を特定することになった。
　毎年、夏休みの 8 月に合宿をして、地元の子供たちや北海道野尻会のメンバー親子、この企画を知った道内外の化石愛好者が発掘に参加した。地元教師は子供たちの指導と安全を確保した。
　瀬川さんの発見した第 1 地点からはデスモスチルス（*Desmostylus*）とともにパレオパラドキシア（*Paleoparadoxia*）や鯨目のヒゲクジラ亜目・ハクジラ亜目の耳骨や下顎骨なども産出した。産状は海底で、掃き寄せ状になって堆積した状態を示していた。
　広く地質調査をする中で、知茶布ポン川流域の殿来累層の下部層からデスモスチルス化石が散点して発見された。調査団は、集中的に化石が産出する場所を発見した。ここを第 2 地点と呼ぶことにした。瀬川さんが発見した第 1 地点の上流で、隣の沢筋だった。

ここには、脊椎動物ばかりでなく軟体動物化石も多産した。これらの化石の産状と地質の構造を見ると、海底が削られてできた海底谷の地形に運ばれ、たまり込んだものであり、束柱目・鯨目・鰭脚亜目の化石が破断されて不規則に堆積したものであることが分かった。

第1地点で瀬川さんが採取した標本の束柱目の分類は中村英之・鹿野龍也両氏が担当し、デスモスチルスとパレオパラドキシアが共産することを確認した（Fig.3-11）。この地点の標本には、大型クジラの歯、鼓室包、耳骨、小型クジラの歯、耳骨、軟骨魚類ホオジロザメの歯、アオザメ属の歯が共産した（Fig.3-12）。

第2地点の96年（第1次発掘調査）標本の分類は千葉圭子さんが、97年（第2次発掘調査）標本は田守三枝子さんが分類と記録を担当した（Fig.3-13A）。第2地点で共産した貝化石は、田中小枝さんが鈴木明彦さんの指導を受けて分類し、貝化石集団の地質年代は中期中新世と特定し、微化石年代とも調和的であるとした。貝の構成要素から、寒流系に属する浅海要素が卓越すると報告している。

花粉分析による当時の気候解析は、五十嵐八枝子さんが分析した結果、スギ科が54パーセントを示し、古植生は温帯〜冷温帯林であると結論した。地質層序解析は八幡正弘さんらがまとめ、化石産出層は殿来累層の下部層オクヨクンナイ砂礫岩部層と特定し、2000年3月「阿寒動物化石群調査研究報告書第一報」に報告した。

98年（第3次発掘調査）の束柱目は吉田幸代さん（Fig.3-13B）、瀬川さん私蔵の第1地点束柱目標本を佐藤彩さんが分類した（Fig.3-14B）。

99年（第4次発掘調査）、2000年（第5次発掘調査）の束柱目は渡辺雅代さんが記載と分類を行った（Fig.3-13C）。

この6年間の発掘調査により、束柱目の主な骨格標本が産出した（Fig.3-15〜23）。

第1地点標本の中から複数個産出していた鯨目耳石は仙田真樹さんが記載した。鰭脚類の報本は、国立科学博物館の甲能直樹さんに研究を委託した（Fig.3-24〜27）。鈴木明彦さんには穿孔貝巣穴化石の検討のほか、岩礁性貝類化石の古生態とタフォノミー（生物遺骸が化石になるまでの過程）についての考察を記載していただいた。

この調査活動中、第3地点で、北大生の石村豊穂さんによって鯨目の保存の良い頭蓋が発見された。原田小百合さんが記載分類をし、マッコウクジラ科と特定した（Fig.3-28）。

第2地点の調査もめどが付いたので、第6次調査をもって発掘を終了した。調査に参加した教師らが発掘と教育活動について意見をまとめ､「阿寒動物化石群調査研究報告書・第二報」を02年に出版して終結した。

デスモスチルスとパレオパラドキシアが共産する例は、世界でも知られていない。その上、動物タクサの多さも特徴的である。殿来累層を堆積させた中新世中期の阿寒周辺の海岸の豊かさを象徴するものであろう。

阿寒町知茶布での採取標本数は523点を数えた。いずれも海生の生物だった。そのうち338点は束柱目のもので、化石総数の64パーセントを占めた。内訳はパレオパラドキシアがデスモスチルスの4倍強だった。

個体数は、第1地点の束柱目の上腕骨は左右とも7点あり、7体あることを示す。しかし産状から、左右がセットであるとの証拠はなく、個体数は増える可能性もある。第2地点ではパレオパラドキシアの頭蓋骨3点と右下顎骨2点、デスモスチルス属の頬骨もあり、4体の束柱目が確認できる。右上腕骨は5点あり、少なくとも5体の存在を示す。阿寒動物化石群はパレオパラドキシアが優先する束柱目の棲みかだったことを示している。これは世界でも例のない産出状態で、足寄町茂螺湾の漸新世のベヘモトプス属やアショロア属からの進化を引き継ぎ、中新世中期の阿寒地方の海岸に生きた証である。束柱類の大集団の姿を想像すると、まるでデスモパークの世界だ。

ただ、いずれの標本も種レベルの研究には至っておらず、今後の詳細な研究が待たれる。パレオパラドキシアの臼歯は鵜野光さんが検討している。

阿寒町は05年に釧路市と合併したため、標本の所管は釧路市立博物館になった。しかし同館には化石を所蔵するスペースがなく、専門の学芸員もいなかった。阿寒支所の担当者も異動や定年のため、化石の保管に不安が残った。

そこで、阿寒動物化石群標本の将来のために、所有権は釧路市立博物館に残しつつ、デスモスチルスを展示の目玉にしている足寄動物化石博物館に保管を委託することになった。

世界で3例目のコククジラ化石 ── 天塩

1995年8月、上越教育大学の天野和孝教授が、留萌管内天塩町での貝類化石調査中に大型動物化石の一部を発見し、その情報が沼田町化石館の古澤仁さんにもたらされた。9月12日、私は天塩町教育委員会に連絡し、町として発掘することが決まった。10月30、31日、教育委員会の職員と合同で予察発掘をして化石の埋蔵を確認した。

本発掘は翌年 8 月 26 〜 30 日に行われた（Fig.3-29）。標本は道教大札幌校に運び、北海道野尻会のメンバーによってクリーニングが行われた。
化石はクジラ化石だった。脊椎動物化石の研究に興味を抱き、この春本州の大学から進学してきた道教大大学院生の佐藤恵里子さんが比較研究を進める一方、この化石の地質年代と古環境を解明するため共同研究を立ち上げた。地質層序・貝化石に鈴木明彦さん、珪藻分析に嵯峨山積さん、海底の生物環境を知るための有孔虫研究に内田淳一さんらの協力を仰ぎ、化石の産出層は後期鮮新世前半の 3.7-2.5Ma（百万年前）の勇知層中部層であり、寒流の強い影響下にあったと結論づけられた。
クジラ化石は後頭部と前肢を含む前位胸椎より前半身の部位で、標本は比較的狭い範囲で産出した。残存する骨表面には水磨はなく、関節状態の位置にあり、化石は同一個体のものと判断された。
佐藤さんの研究の結果、標本はコククジラ科コククジラ属の現生のコククジラに近似すると報告された。その後、福井県立恐竜博物館の一島啓人さんが、海外で発見されている標本 2 点との比較研究を進めた。結果は佐藤さんの研究を支持する結論になり、世界で 3 例目のコククジラ化石として、英文で国際誌（Journal of Paleontology・The Paleontological Society）に掲載・報告された（2006）。
この発掘調査研究報告書は天塩町教育委員会から発行され、標本は天塩川歴史資料館に保存、展示されている。

まさかのサッポロカイギュウ ── 札幌

札幌市周辺の地形は、支笏火山の火砕流に覆われた月寒台地、平野部の扇状地、北部の低湿地と南西部の山岳地帯からなる。その中央を流れる豊平川の上流域で脊椎動物の化石が発見された。右岸に分布する海成層からだった。
南区藤野の棚橋邦雄さん一家は、日ごろから自宅近くを流れる豊平川を自然探索のフィールドにしていた。化石好きの父に連れられて、長女の愛子さんは月 2、3 回ほど、貝化石を採ったり、サンドパイプと呼ばれる蛇がうねったような形の生痕化石（巣穴）の観察をしていた。
2002 年 6 月、南区小金湯の豊平川河床から産出する玄能石を採集するために現地を訪れた愛子さん（当時小学 6 年生）は、河岸に見慣れない太い棒状のものが顔を出していることに気づいた。いつも見ていたサンドパイプとは違うと思った愛子さんは､父親の邦雄さんにそのことを伝えた。

邦雄さんは、「何だろうね」と首を傾げながら写真を撮り、細かく壊れていた破片を自宅に持ち帰って保存した。
その後もその標本のことが気になっていた父娘は、現地を訪ねては、増水する度に、壊れて流れそうな破片をビニール袋に入れて持ち帰り、整理、保管していた。
翌03年夏、邦雄さんは中学校時代のクラス会で、採取した化石の一部を担任だった山形由史さんに見せた。
邦雄さんは中学2年生の時、校舎修理の工事現場の土の中から見慣れない小石のようなものを拾った。「これ何？」と山形先生に聞くと、先生は「高師小僧だね」と答えた。高師小僧とは、地下水の鉄分が植物体のまわりに沈殿してできた管状の褐鉄鉱の塊のことだ。棚橋さんはそれ以来化石に興味を持ち、化石収集を趣味にしていた。
クラス会でその化石を見た山形さんは、「サンドパイプの一部か、それともマンモスの牙か」と疑問を抱き、最終的には海棲哺乳類の骨ではないかと考え、私に写真を送って鑑定を依頼してきた。
そして8月17日、私は棚橋親子の案内で山形さんとともに現地を訪ねた。現場には、薄茶色で円柱状の湾曲した太い肋骨が4点並んで露出していた（**Fig.3-30**）。北広島や滝川での観察をもとに、私は一目でそれがカイギュウのものであると考えた。少し下流の川床に生痕化石があった。現場はその上流で豊平川の右岸、すぐ横にコンクリートの水止めブロックがあったが、工事などの影響を受けずに残されていたのも幸運だった。
「ついに出たか……」
近くの十五島では貝化石が発見されていたので、いつかは札幌市内でも脊椎動物化石が発見されるだろうと考えられていたが、専門家らはもっぱら硬石山や札幌岳など山側に地質調査の目を向けており、川床から脊椎動物の化石が出るとは考えていなかった。
「見つけてくれてありがとう」
私は、Tシャツ、Gパン姿の愛子さんにそう声をかけた。
愛子さんは「先生に見てもらってよかった」と、素直に喜びの笑みを浮かべていた（**Fig.3-31**）。
札幌市内で待望の脊椎動物化石が発見されたのだ。ただ、化石は露出し、すでに破断されて失われた状況にあった。すぐにでも発掘が必要だと考えた私は、日曜日ではあったが札幌市博物館活動センターの古澤仁さんを携帯電話で呼び出した。
電話口の古澤さんは、にわかには信じられない様子だった。前述したように、サンドパイプを骨格と見間違えてセンターに持ち込む市民が多かったからである。
「とにかく現物を見てもらえないだろうか」
私の頼みに負けて現地にやってきた古澤さんは、
「こりゃあすごい！　まさかこんなところで発見されるとは」
と言って絶句した。
「もしかしたら大型カイギュウ１頭分が埋まっているかもしれない」
古澤さんの興奮ぶりに、愛子さんは自分の発見の大きさに気づいたようだった。古澤さんはそれがカイギュウの化石であると認め、直ちにこの化石を発掘することを決めた。
19日の「北海道新聞」は、「国内最古　札幌で海牛化石」「豊平川で親子が発見」と報じた。取材に愛子さんは「そんなすごいものだったとは信じられない」「うれしくてわくわくしています」と答えていた。
河川を管理している札幌土木現業所から河川の使用許可を受け、札幌市博物館活動センターの発掘事業として動き出した。発掘に参加したのは棚橋親子と道教大の学生数人、山形さんの研究仲間である札幌自然科学教育研究会の面々。札幌藻岩高校の春日秀夫教諭は、地学の授業を化石発掘の現場学習に切り替えて参加した。
18、19日の両日、まずは全体の埋没状況を把握するために、樹脂で補強しながら、化石骨を地表面に露出させる作業を始めた。肋骨の他に胸椎横突起3点、胸骨1点を確認した。濡らした和紙を化石の表面に密着させ、石膏をかけて補強してから、下層の岩ごと切り離して採取する。採取した化石骨は、センターで速報展として展示した後、同センターで順次、樹脂による強化を図りつつ、母岩と石膏の除去が行われた。
何しろ札幌市初の脊椎動物化石だ。その意義を深めるために、博物館活動センターは2004年、地質総合調査団を組織した。そして3年間の調査結果を「札幌市大型動物化石総合調査報告書～サッポロカイギュウとその時代の解明」として2007年に出版した。
カイギュウ化石の産出層は後期中新世の砥山層（10-6Maごろ）であり、化石の産出層は約820万年前ごろと報告された。肋骨の太さから、北広島のステラーカイギュウやタキカワカイギュウより古い世界最古の大カイギュウ標本に位置づけられ、カイギュウの進化系統の解明の新たなデータとなったのである（**Fig.3-32**）。
古澤学芸員の指揮のもと、沼田町化石館のレプリカーズの手によってサッポロカイギュウの全身が完成した（**Fig.3-33**）。その骨格標本は、札幌市博物館活動センターの目玉として展示されている。

豊平川でのカイギュウ化石発見は、次なる発見を呼ぶ。

08 年の夏、森和久さんが豊平川を散策中に新標本を発見した。医師である森さんは骨の化石だとすぐに気づき、札幌市博物館活動センターに持ち込んだ。そして古澤学芸員によって、クジラの尾椎骨と鑑定された。

発見場所は、サッポロカイギュウの産出地点から上流 500 メートル、小金湯温泉裏手の豊平川の河床であった。センターは発掘を計画したが、近くに札幌市の浄水場があるため大型重機での発掘は許されず、手作業で発掘することになった。

発見された標本は尾椎であり、化石は硬い砂質泥岩に包まれていた。地面に倒立した状態で埋もれていることが予想された。

11 年から発掘を開始し、下層に向かって腹部・胸部・頭部と続き、ブロックにして順次掘り上げた。発掘の完了までは 4 年を要した。この化石のクリーニングは、市民ボランティアの献身的な作業により完了した。大型動物化石総合調査団を組織した札幌市は、これらの化石は小樽内川層から産出されたものであり、時代は新第三紀中新世のおよそ 820 万年前であると発表した。化石はその後、古澤さんによって引き続き研究が行われている。古澤さんは世界最大のセミクジラ科化石であると予想しているようだ。研究の進展が待たれる。

札幌市は現在、中島公園内に初めての自然史博物館の建設を計画している。この 2 標本は、その博物館の目玉展示物になることだろう。期待しよう。

Fig.3-1

トヨシマハボロネズミイルカ

(*Haborophocoena toyoshimai* Ichishima and Kimura, 2005)

羽幌町北町の海岸護岸工事現場で発見された。本標本は沼田標本とは異なる特徴を持つ新属新種。その後、清水守さんが二つのイルカ頭蓋を海岸で転石として発見した。一つはトヨシマ標本の子供であり、もう一つはハボロネズミイルカの新種で *Haborophocoena minutus* と命名した（Ichishima and Kimura, 2009)。これらの標本は札幌市博物館活動センターに登録した。

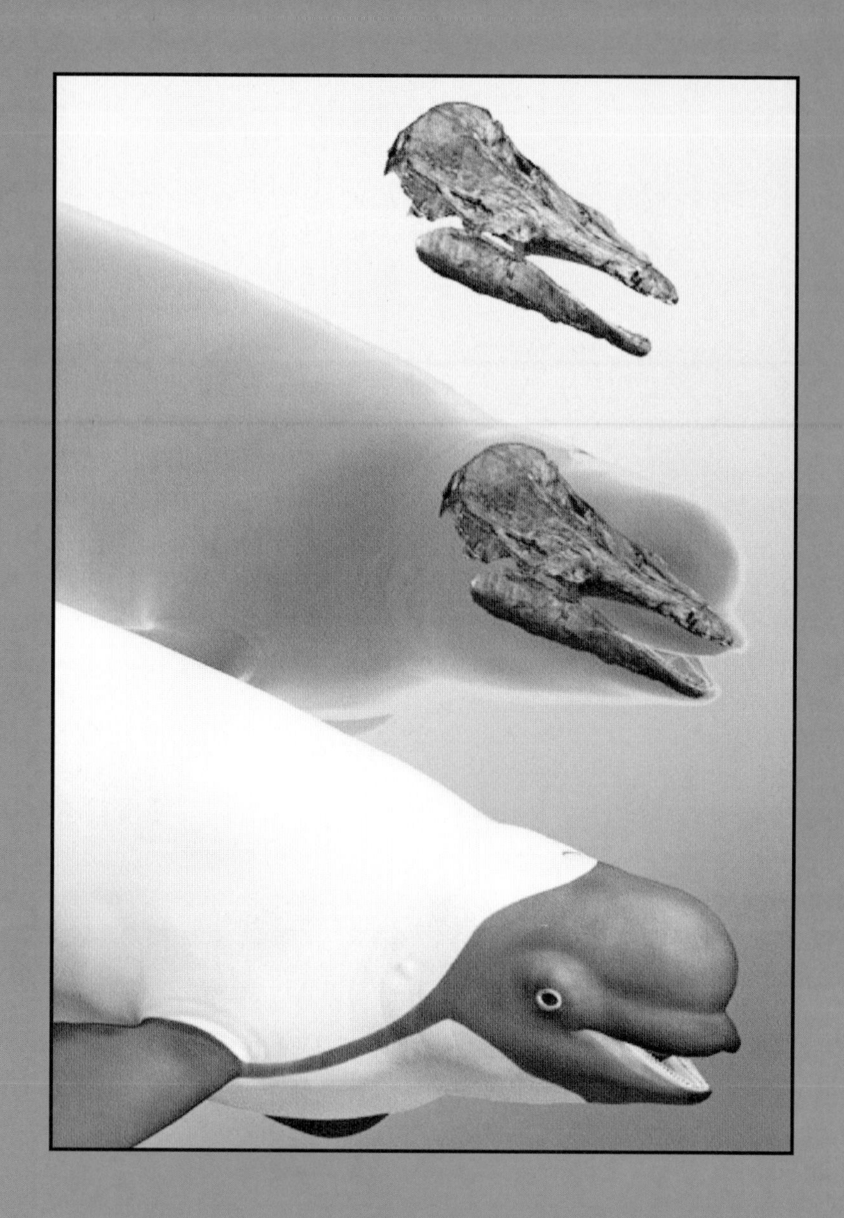

Fig.3-2
ハボロムカシイルカ（*Haborodelphis japonicus*）の復元図（生体復元：新村龍也）
1977 年に羽幌高校の生徒が発見し、金野富士男教諭の指導で発掘した。81 年、道教大札幌校に移管してクリーニングと研究を進めた。その結果、世界的にも発見例の少ないイッカク科の新属新種と判明した。標本は札幌市博物館活動センターに登録した。（Ichishima, Furusawa, Tachibana and Kimura, 2018）

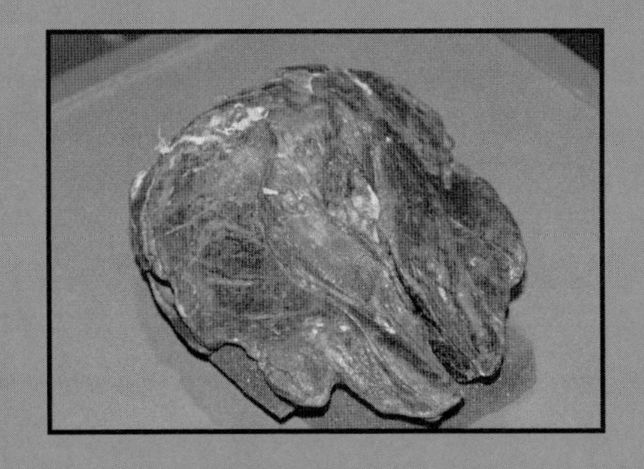

Fig.3-3
ホベツケントリオドンクジラ（*Kentriodon hobetsu*）の新種標本（穂別博物館所蔵）
このクジラを含むグループは漸新世の終わりごろに南太平洋域で誕生し、世界の海で繁栄した。中期中新世の終わりごろになるとマイルカ科やネズミイルカ科などに大海を譲り、中新世後期の600万年前ごろに絶滅した（Hiroto Ichishima, 1994）。

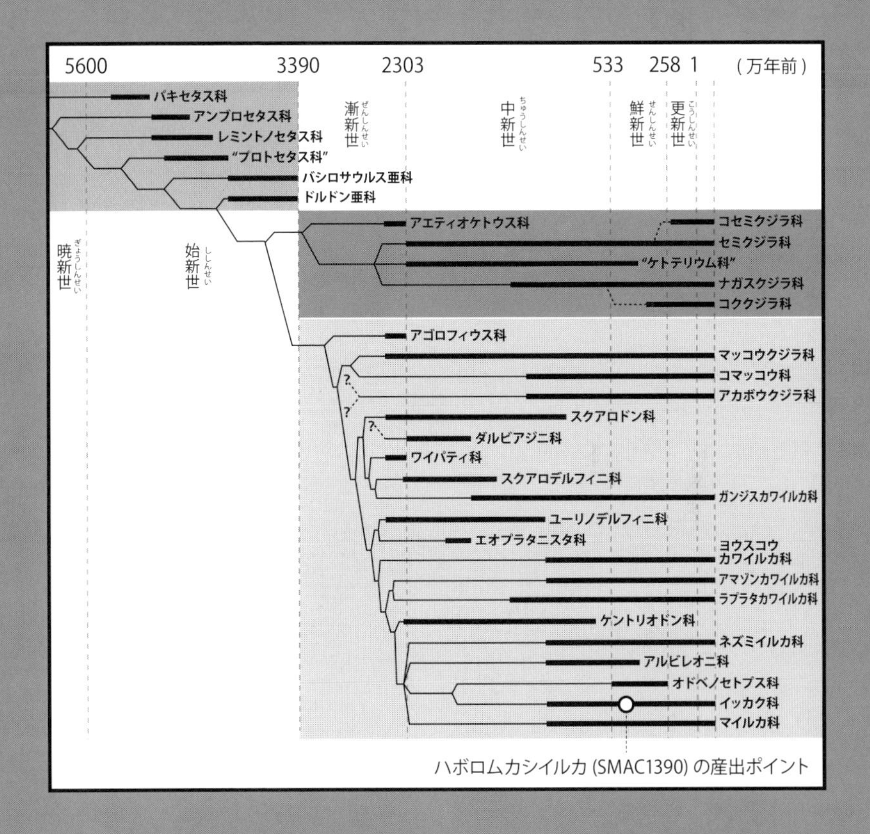

Fig.3-4
クジラの系統図（一島啓人、2019）
北海道でのクジラ化石の産出数は多く、複数の研究者によって研究が進行し、多くの論文が発表されてきた。それらを世界のクジラ化石と見合わせて整理した最新のクジラ系統図。

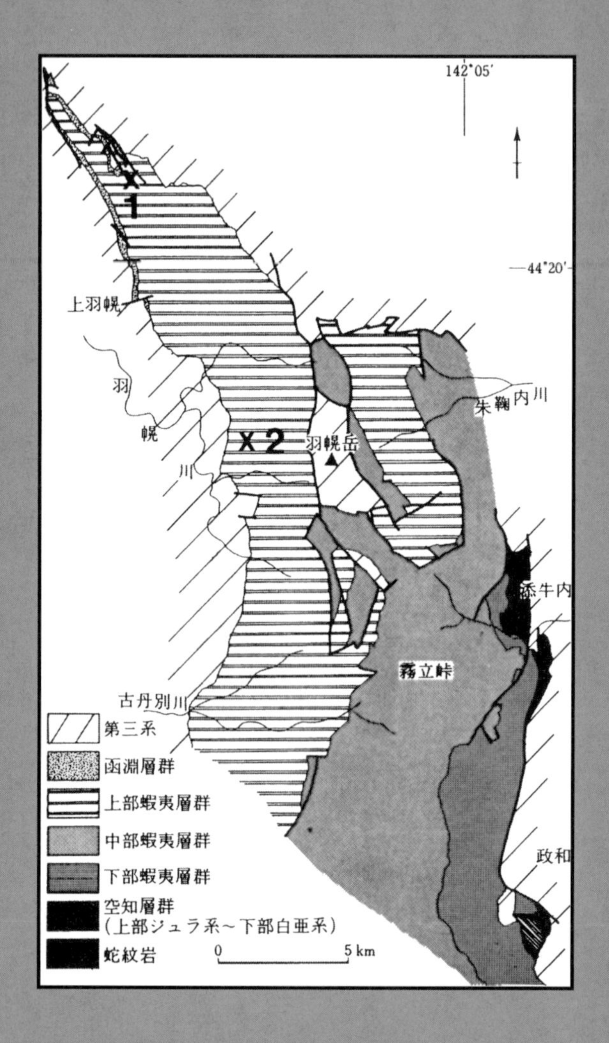

Fig.3-5

幌加内町北部から上羽幌周辺の地質図

三毛別川や羽幌川の上流域は北海道の基盤をなす蝦夷層群が分布し、下部層、中部層、上部層が南北方向に帯状に広がる。化石の母岩はいずれもシルト質砂岩、泥岩からなる。Fig.3-6 のカメ卵の化石（×2 地点）は上部蝦夷層群の上部層と考えられ、その時代は白亜紀後期のサントン期にあたる。×1 地点でも同時期にカメ卵化石が発見された。

Fig.3-6

カメの卵

羽幌町の吉松竜治さんにより上部蝦夷層群・白亜紀後期の地層から発見された。その後、竜治さんの兄・保さんが発見した同種の標本は札幌市博物館活動センターに寄贈・展示されている。カメは卵を多産するので化石の数も多く、さらに北の中川町でも発見・報告がある。カメであることを証明するために、殻断面の結晶構造の観察を行った。

Fig.3-7

カメの卵殻の電子顕微鏡写真

1：卵殻内側面。2：卵殻断面。直径 2μm 前後の方解石の針状結晶の束からなる。3・4：卵殻の断面で、石灰化の中心（core）の乳様球から方解石の針状結晶が放射状に伸張して錐状層を形成しており、柵状層は認められず、典型的なカメの卵殻の特徴を示していた。（木村方一・向後隆男・滝波修一・小平沢英男・箕浦名知男・八木政明「北海道羽幌町で発見された二個のカメ卵化石」1995）

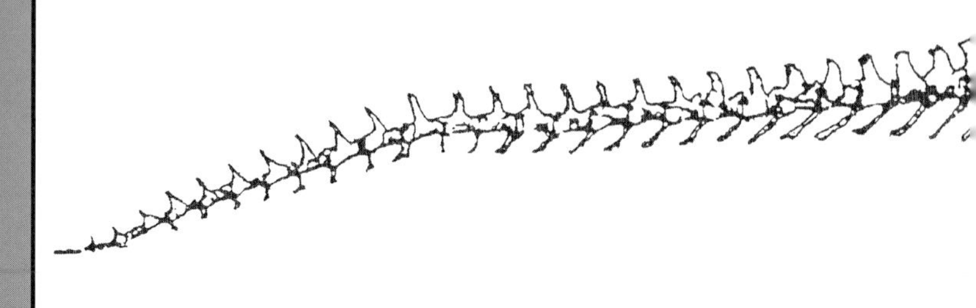

Fig.3-8

日本で唯一の白亜紀のワニ目中顎亜目の化石

河野隆二氏が羽幌ダム上流望月の沢、白亜紀後期の上部蝦夷層群から発見した。道教大に研究を託され、大野征洋さんが卒論のテーマにクリーニングと研究を進めた。その結果、椎骨の椎体は平凹型であり、肋骨は双頭型をし、烏口骨孔があり、関節窩の下に棘突起が存在することからワニ目に同定した。亜目の同定には、鱗板が発達し、円錐形の歯を持ち、椎体が平凹型であることと、産出の地層が白亜紀後期であることからワニ目中顎亜目と同定した（大野征洋 1997、卒業論文）。

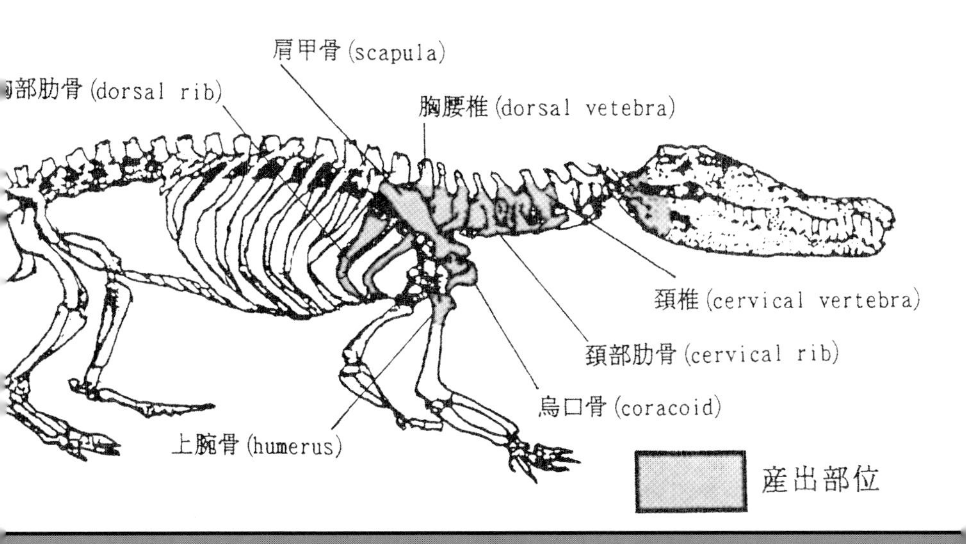

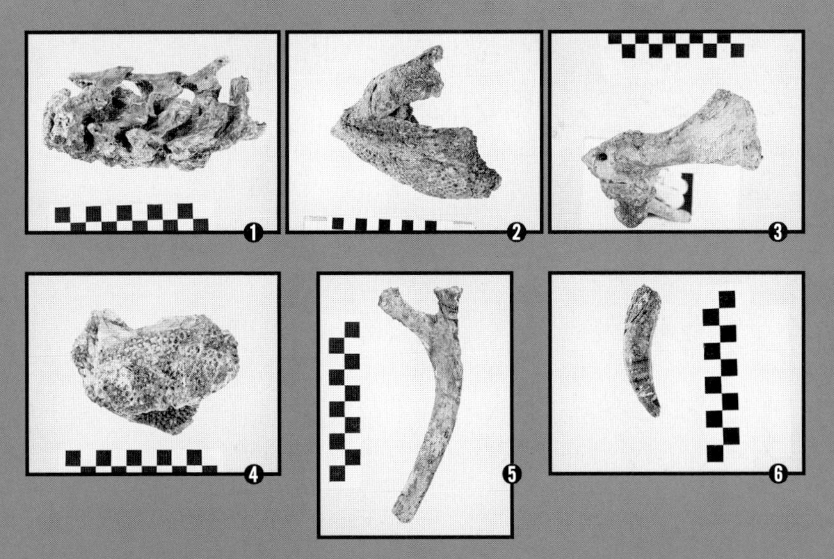

Fig.3-9

国内初、白亜紀のワニ化石

羽幌町東部のワニ化石産地図（左）と産出標本（1：脊椎骨　2：頭骨右面　3：右肩甲骨　4：皮骨　5：肋骨　6：歯）（大野征洋、1997、卒業論文）

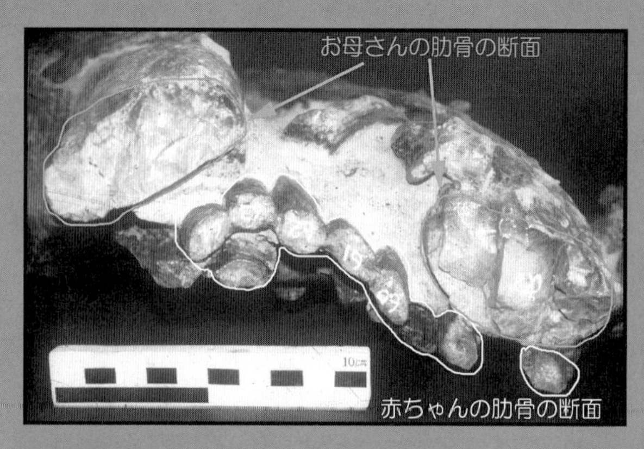

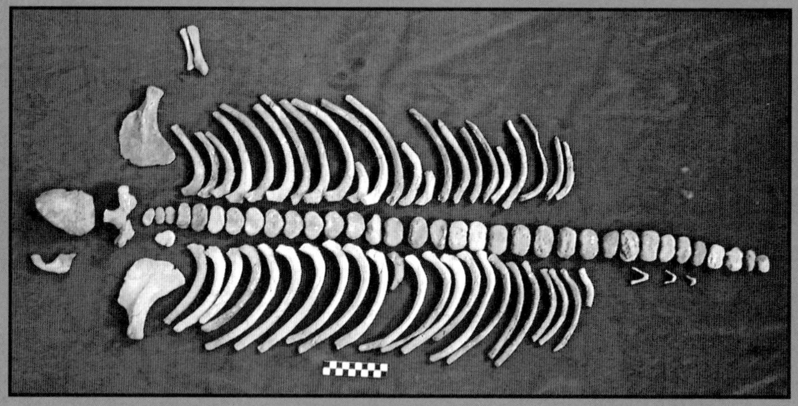

Fig.3-10

初山別の親子カイギュウ

太い肋骨の間に細い肋骨が保存良く配列して産出した。それは母体の中の胎児だった（写真上から、クリーニング前の海牛化石、海牛化石の全容、初山別自然交流センターにある復元骨格）。当時の付近の海には暖流が流れており、暖かい海に生きた海牛だった。（木村方一・古澤仁・嵯峨山積・五十嵐八枝子・鈴木明彦・福沢仁之、1995）

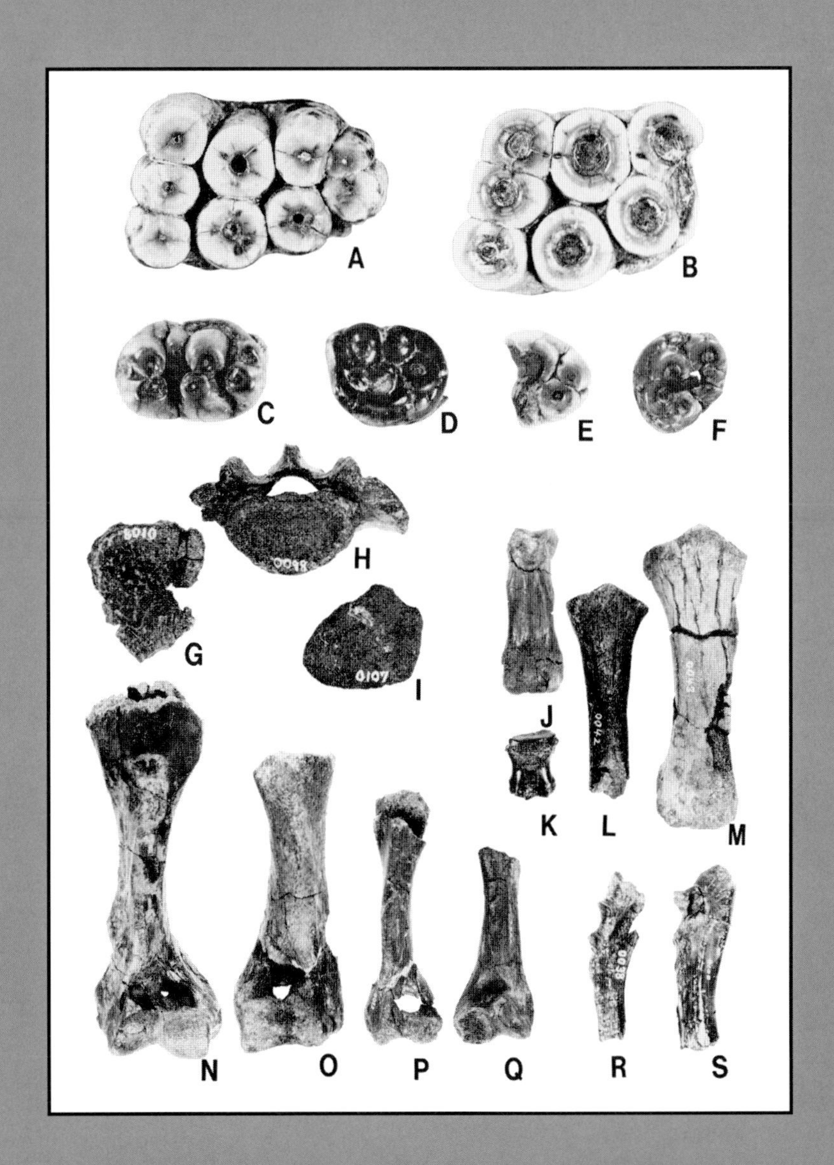

Fig.3-11

阿寒動物化石群・第 1 地点の束柱目標本

発掘団の組織化以前に瀬川勲氏が第 1 地点で発見し保存していた標本（中村・鹿野、1995）。A、B は束柱目の *Desmostylus* の臼歯、C ～ F は *Paleoparadoxia* の臼歯。咬柱の長さや形には大きな違いがあるが、同じ束柱目に分類されている。*Desmostylus* の歯はゾウと同じように顎の奥に歯袋骨があり、成長しながら 1 本 1 本前へ押し出す水平交換様式。一方、*Paleoparadoxia* はヒトと同じ垂直交換様式で、歯根から垂直方向に次の歯が成長する。H：腰椎前面、G・I：胸骨、J：中指骨、K：指骨、L・M：右橈骨前面、N・P：左上腕骨前面、O・Q：右上腕骨前面、R・S：左尺骨外側面

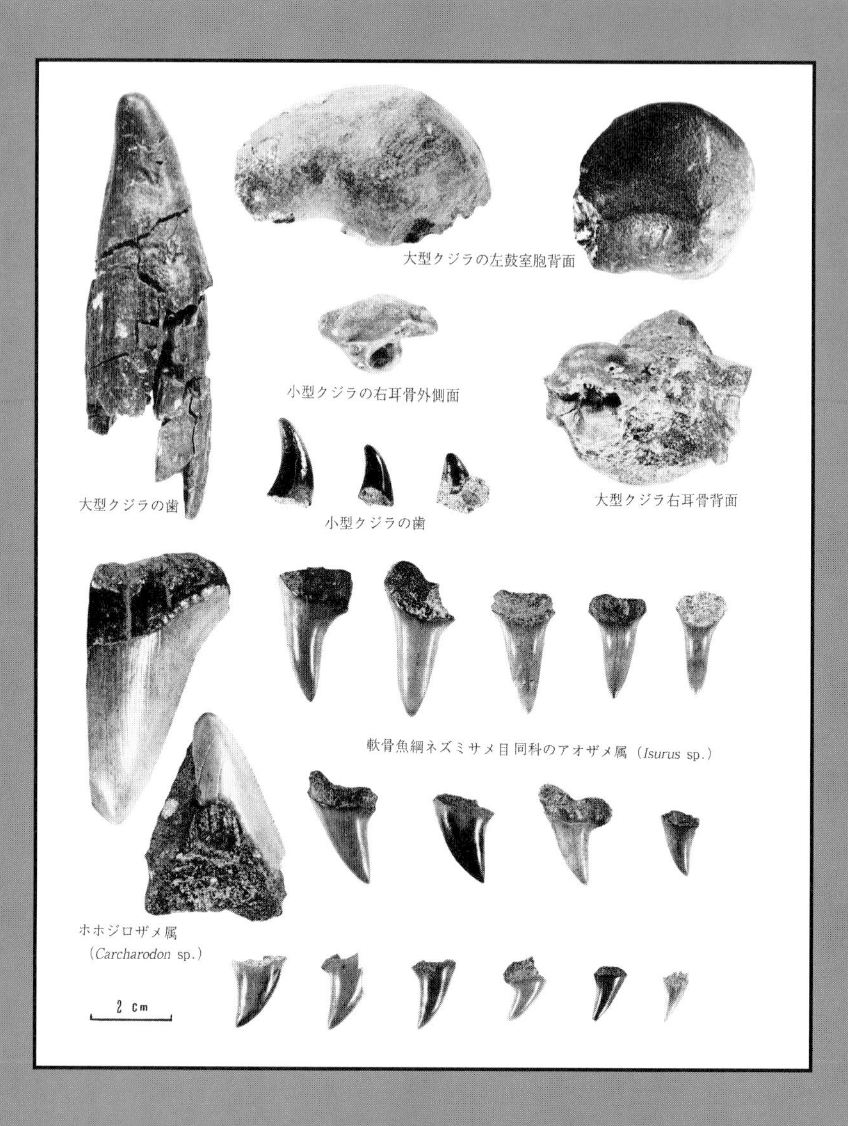

Fig.3-12

クジラおよびサメ類の化石

第１地点で瀬川氏が発掘保存していた標本。大型クジラと小型クジラの歯および耳骨が複数体分と、ホオジロザメとアオザメの歯が複数個発見されていた。（阿寒動物化石群調査研究報告書・第一報）

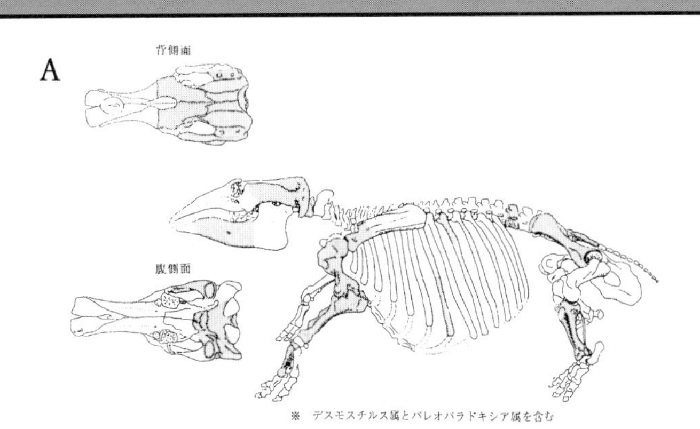

第２地点　束柱目標本の産出部位（1996,千葉圭子：1997,田守三枝子）

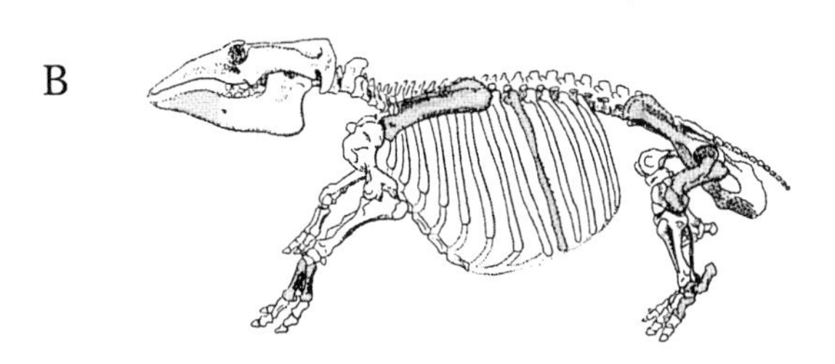

第２地点　束柱目標本の産出部位（1998 年,吉田幸代）

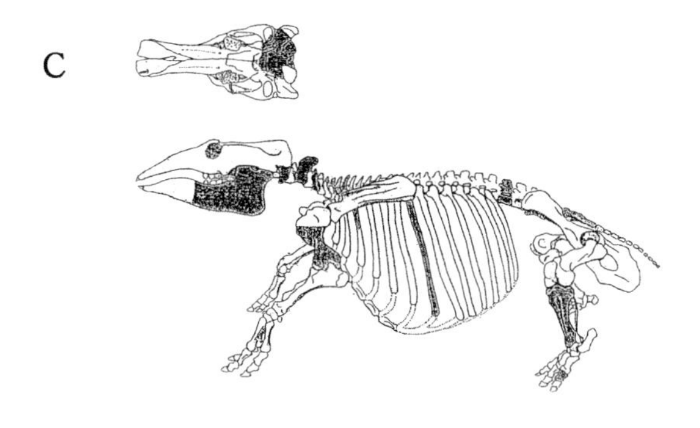

第２地点　束柱目標本の産出部位（1999・2000 年,渡辺雅代）

Fig.3-13

束柱目 *Paleoparadoxia* の産出部位位置図（1996、97、98、99、2000 年発掘）

第 2 地点産出化石の部位の確定を千葉圭子、田守三枝子、吉田幸代、渡辺雅代が進めた。以後の図では *Paleoparadoxia* と *Desmostylu*s の区別ができた標本は図内に記述した。（阿寒動物化石群調査研究報告書・第二号）

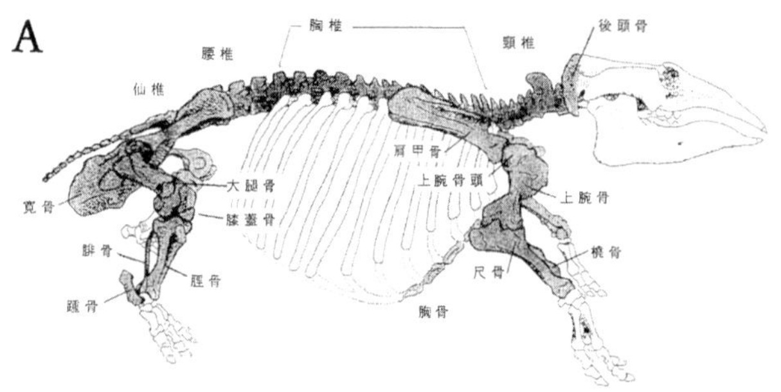

第 1 地点　瀬川氏発掘の標本部位（1995 年,中村英之・鹿野龍也）
（*Desmosthlus, Paleoparadoxia* を合わせて示してある）
（以下、立体骨格は犬塚復元を使用）

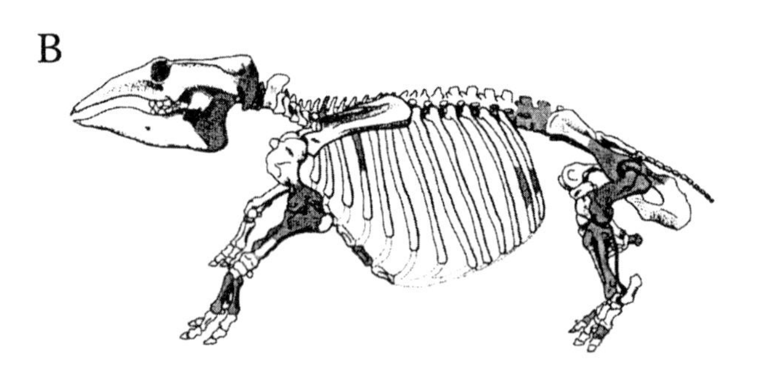

第 1 地点　瀬川氏発掘の標本部位（1998 年、佐藤彩）

Fig.3-14

束柱目の産出部位位置図（1995、98 年発掘）

第 2 地点で産出した化石は *Desmostylus* と *Paleoparadoxia* が混在して産出していたので、束柱目として合わせて産出部位を表現した。A 図は第 1 地点で瀬川氏が発掘して保管していた標本、B 図は第 2 地点で調査団が発掘した 1998 年の標本。（阿寒動物化石群調査研究報告書・第一報・第二報）

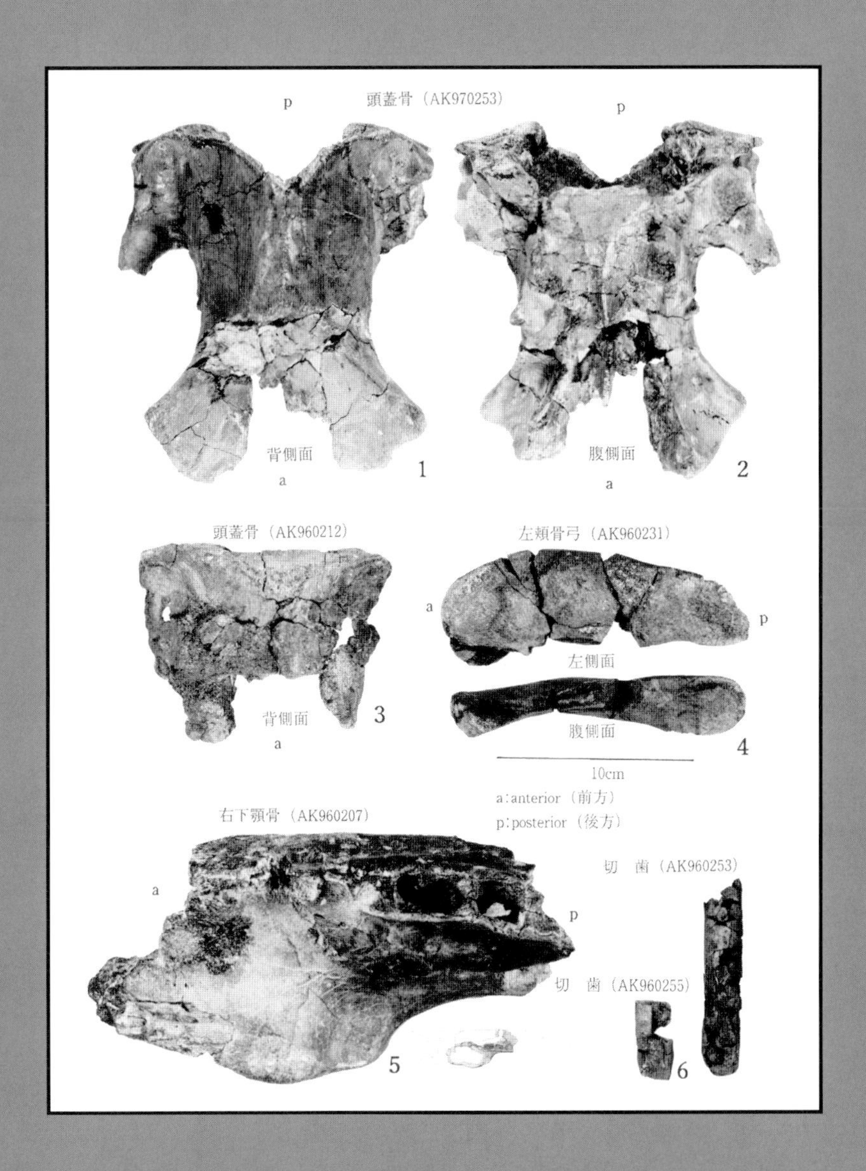

Fig.3-15

束柱目の産出標本

1：*Paleoparadoxia* の頭蓋骨背側面、2：同一標本の腹側面、3：小型の *Paleoparadoxia* の頭蓋骨背側面、5：下顎骨は歯槽（顎骨の穴）が2個顕著に残っているので、歯を水平交換する *Desmostylus* ではなく垂直交換する *Paleoparadoxia* の下顎骨。4（頬骨）、6（切歯）は *Paleoparadoxia* と思われる。

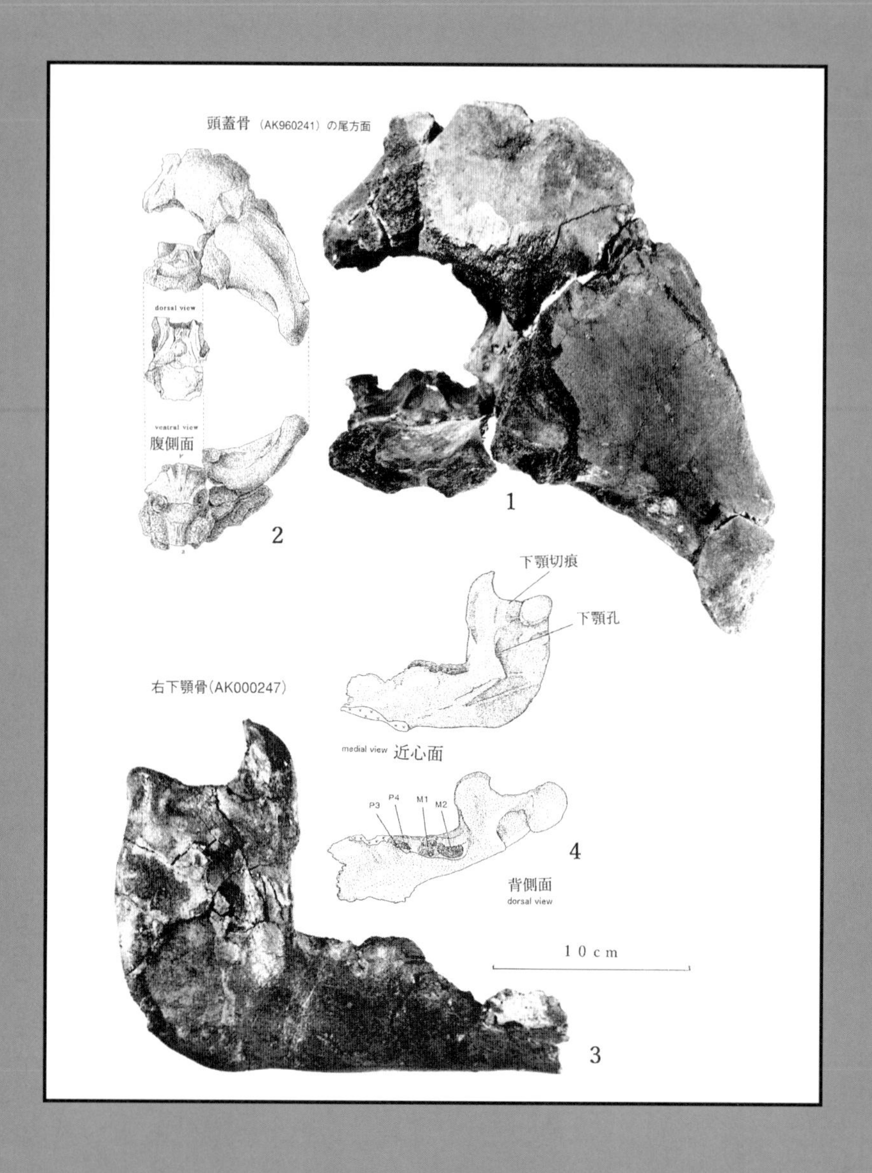

Fig.3-16
束柱目の頭蓋（1・2：後頭部　3・4：下顎骨）

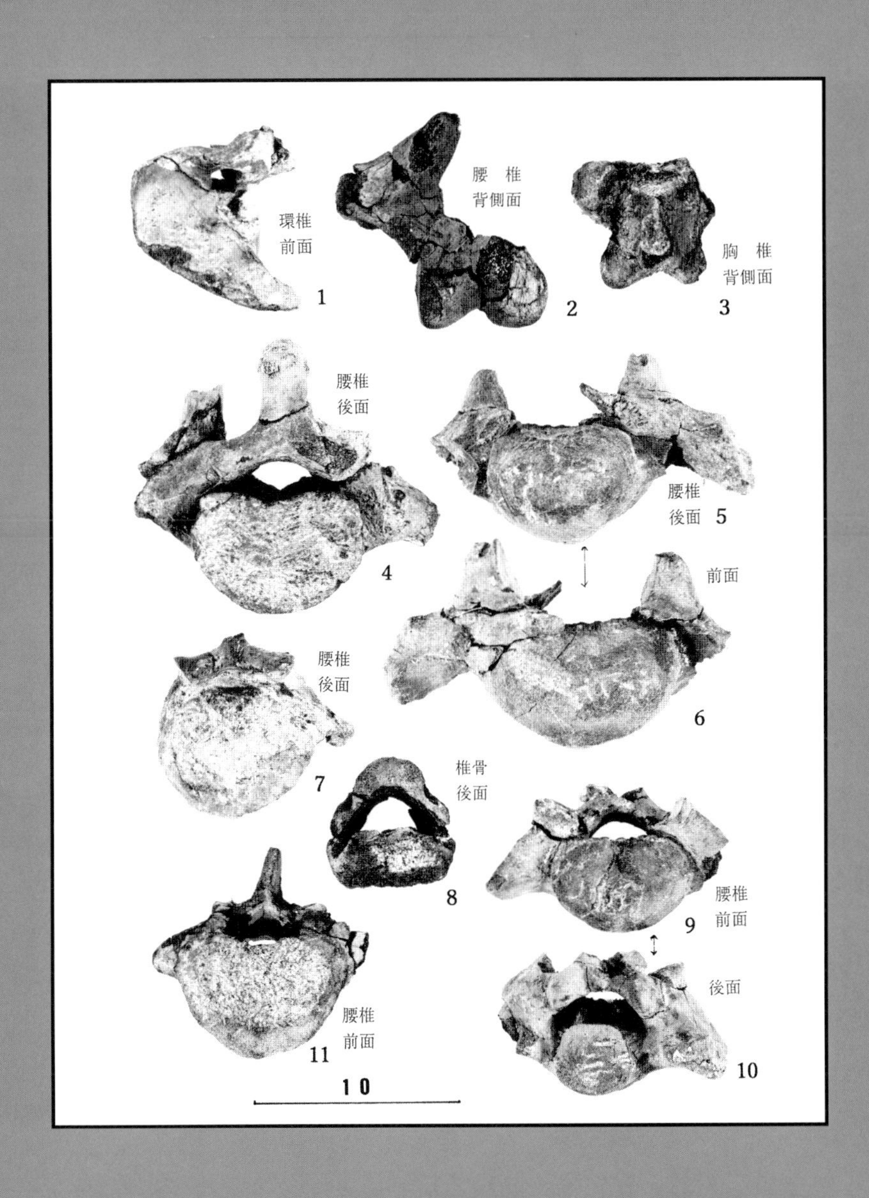

Fig.3-17
束柱目の脊椎骨（1：環椎、2：腰椎、3：胸椎、4～7：腰椎、8：椎骨、9～11：腰椎）

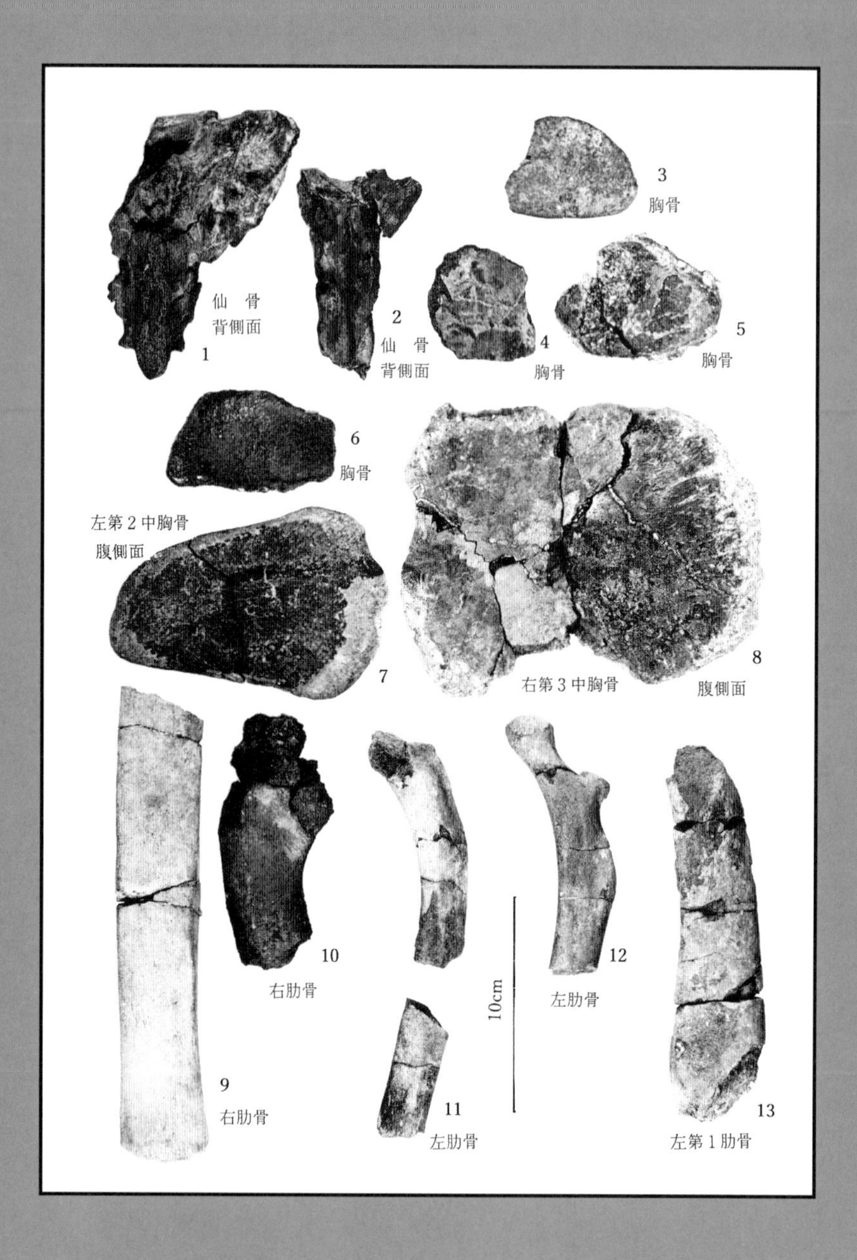

Fig.3-18
束柱目の1・2：仙骨、3～8：胸骨、9～13：肋骨

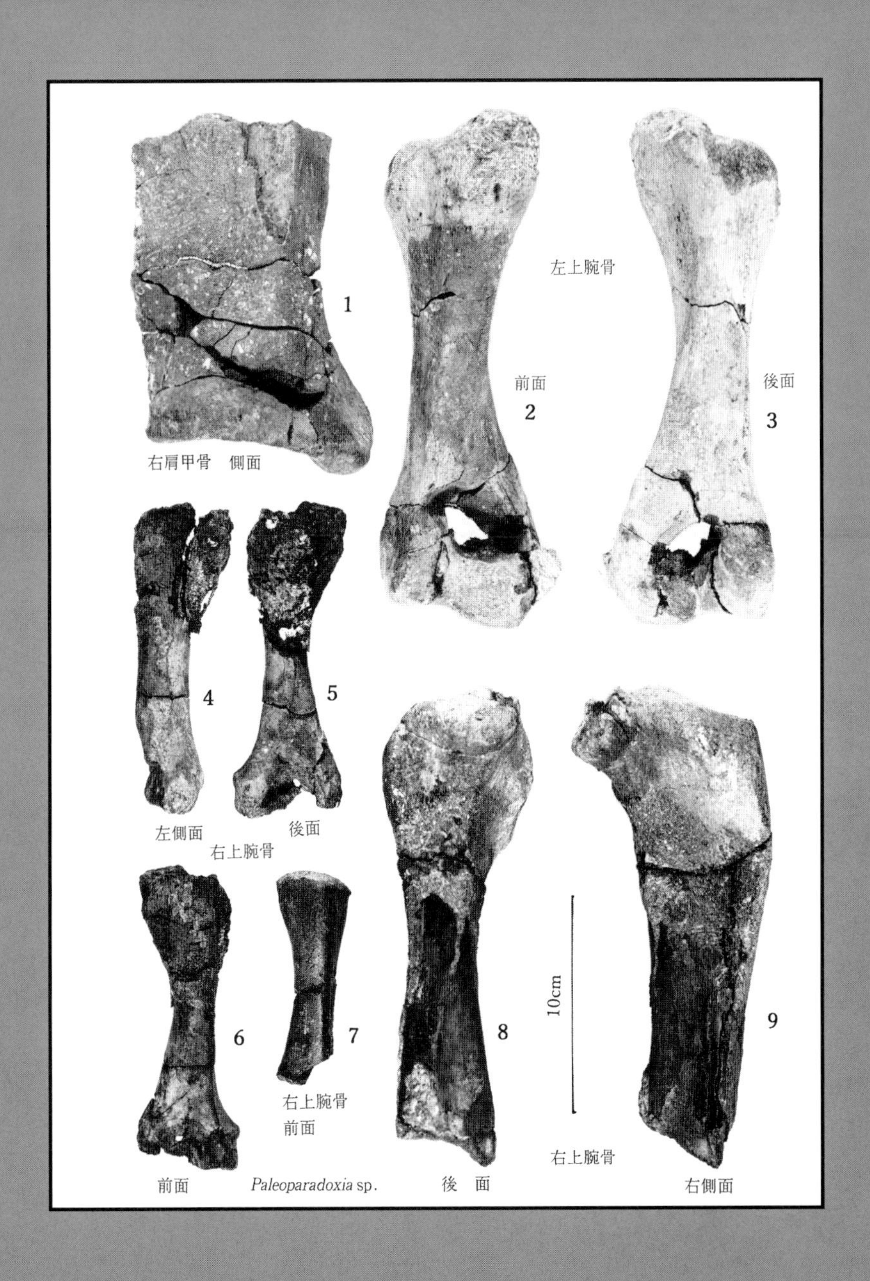

Fig.3-19
束柱目の1：肩甲骨、2～9：上腕骨

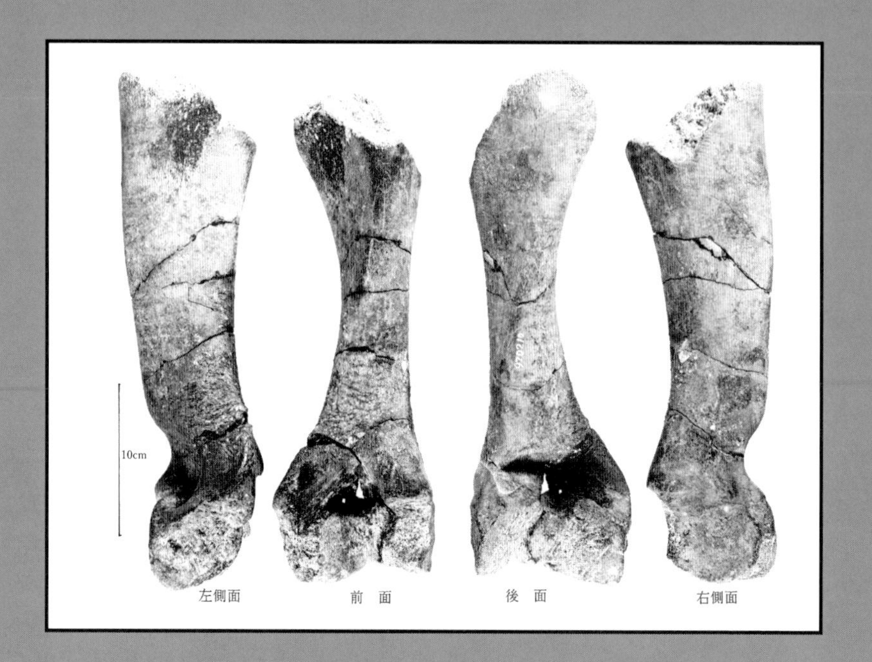

Fig.3-20
束柱目の左上腕骨

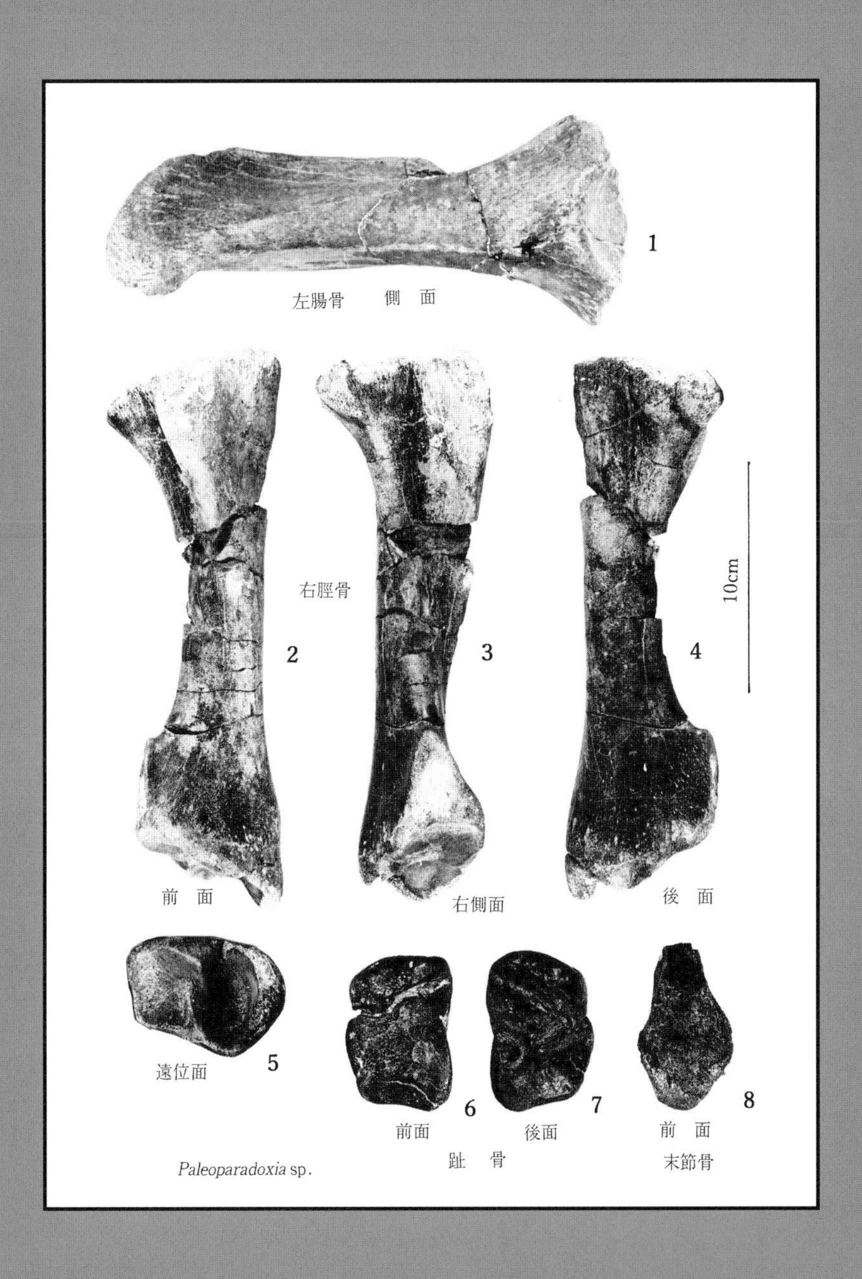

Fig.3-21
束柱目の1：腸骨、2～4：脛骨、5～8：趾骨

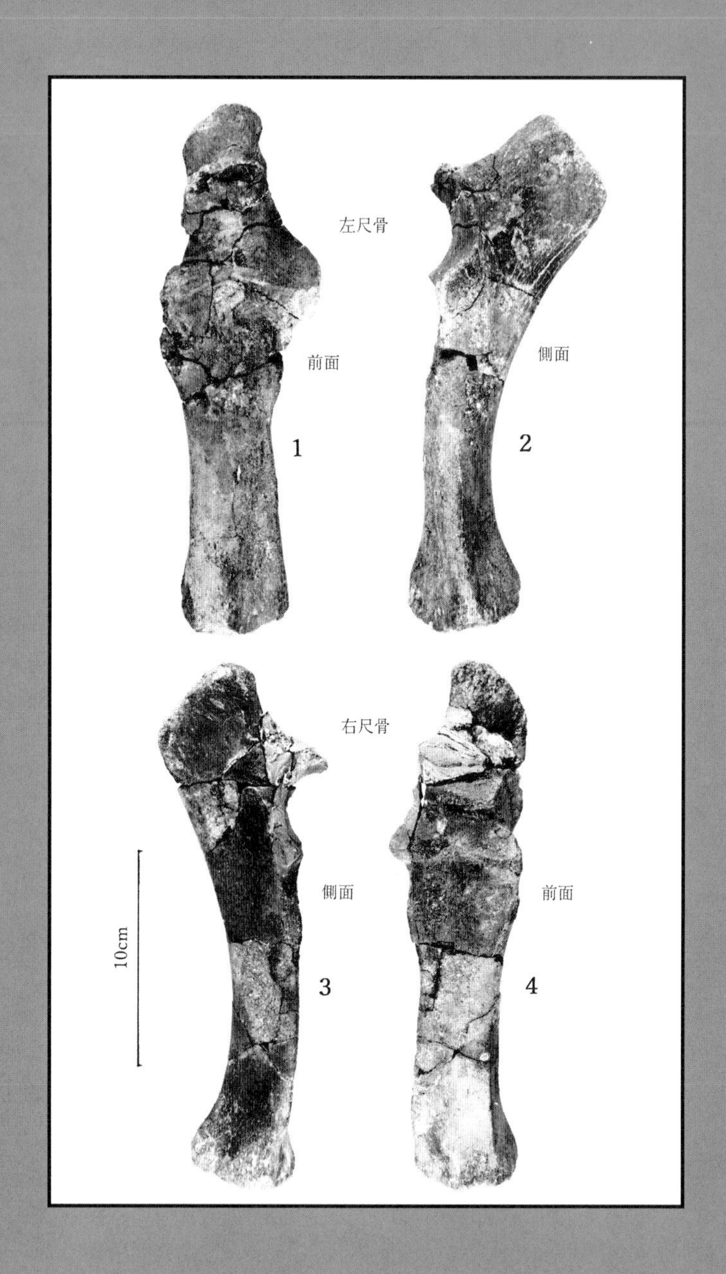

Fig.3-22
束柱目の尺骨（1・2：左、3・4：右）

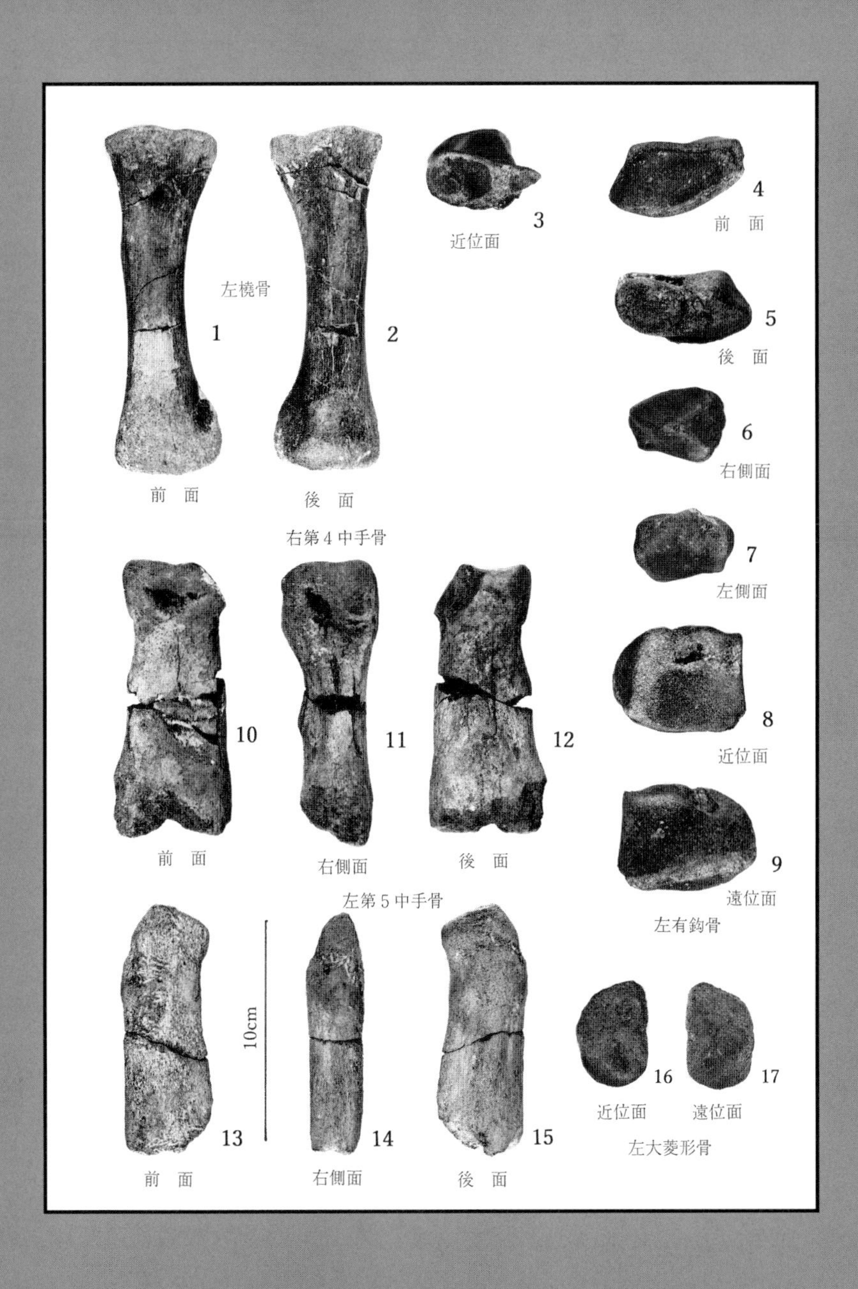

Fig.3-23

束柱目の 1 ～ 3：左橈骨、4 ～ 9：左有鈎骨、10 ～ 12：右第 4 中手骨、13 ～ 15：左第 5 中手骨、16・17：左大菱形骨

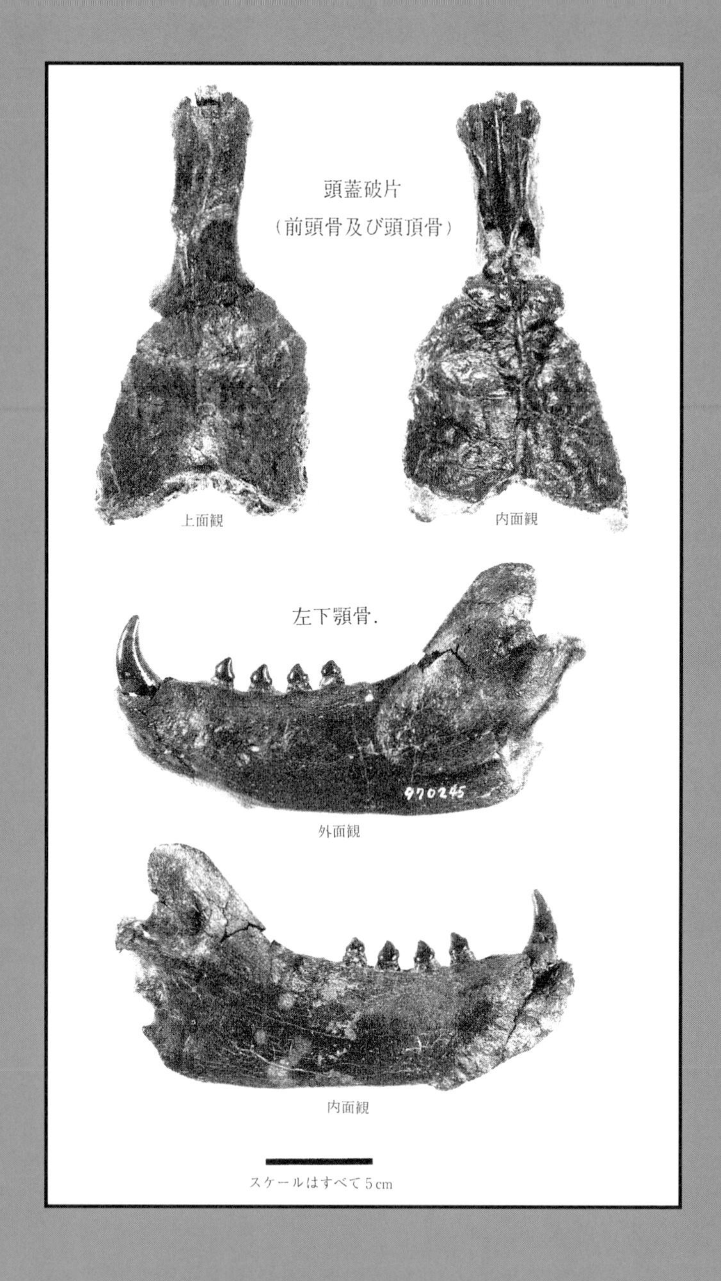

Fig.3-24
鰭脚目アロデスムス類の頭骨と下顎骨

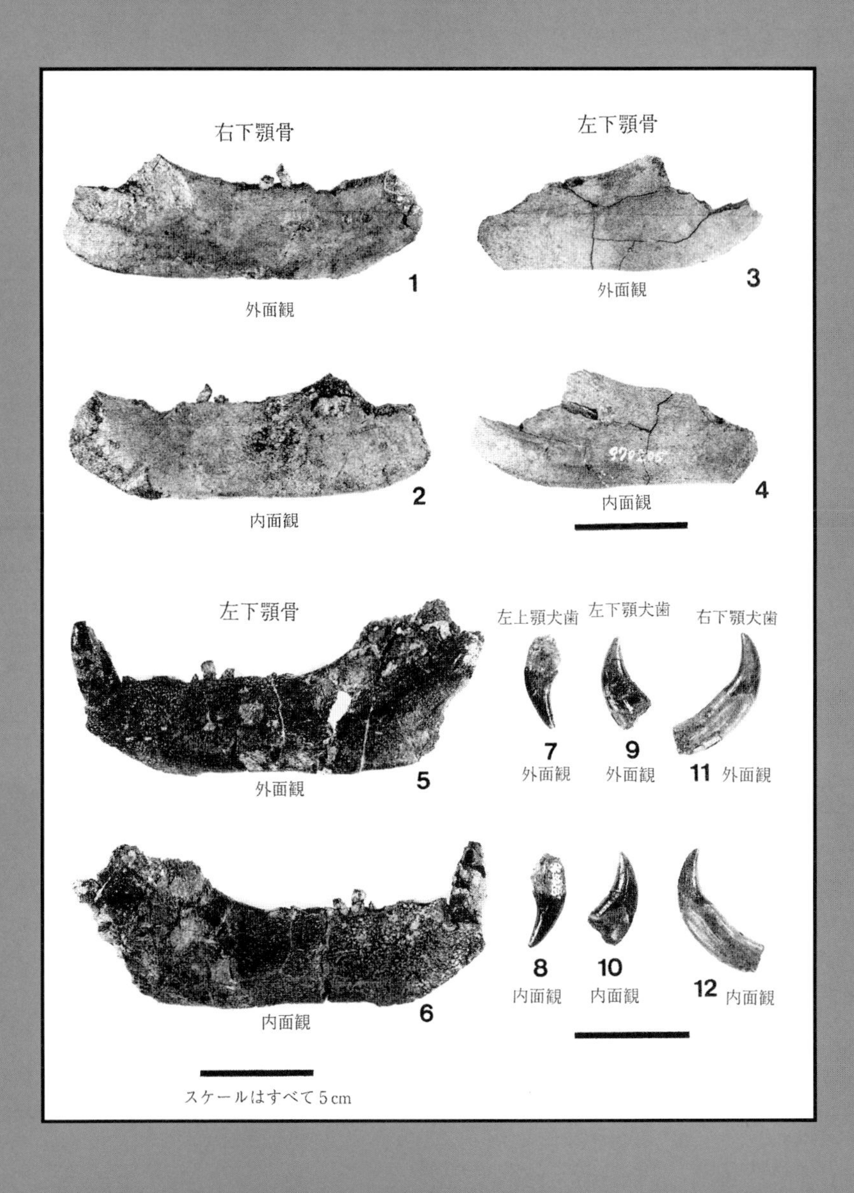

Fig.3-25
鰭脚目アロデスムス類の下顎骨と歯

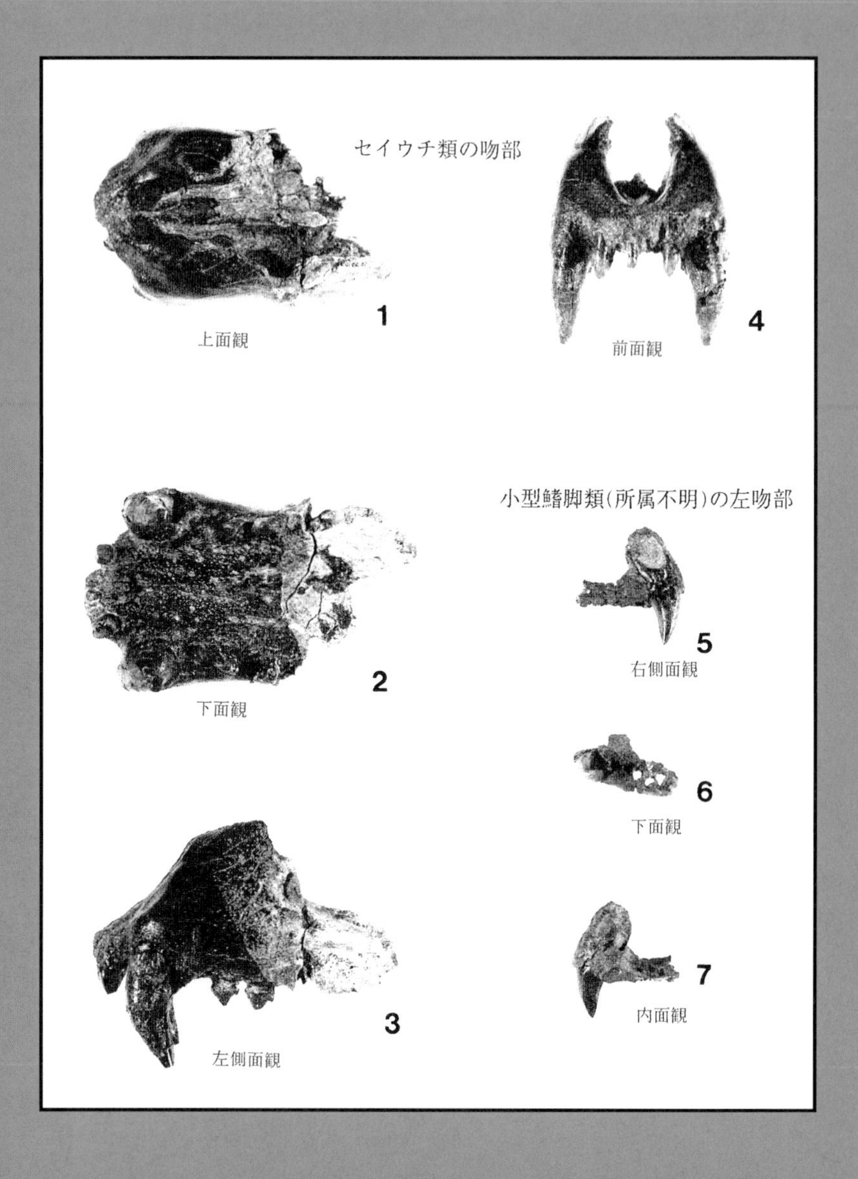

Fig.3-26
鰭脚目の頭骨の一部（1～4：セイウチ類の吻部、5～7: 小型鰭脚類の左吻部）

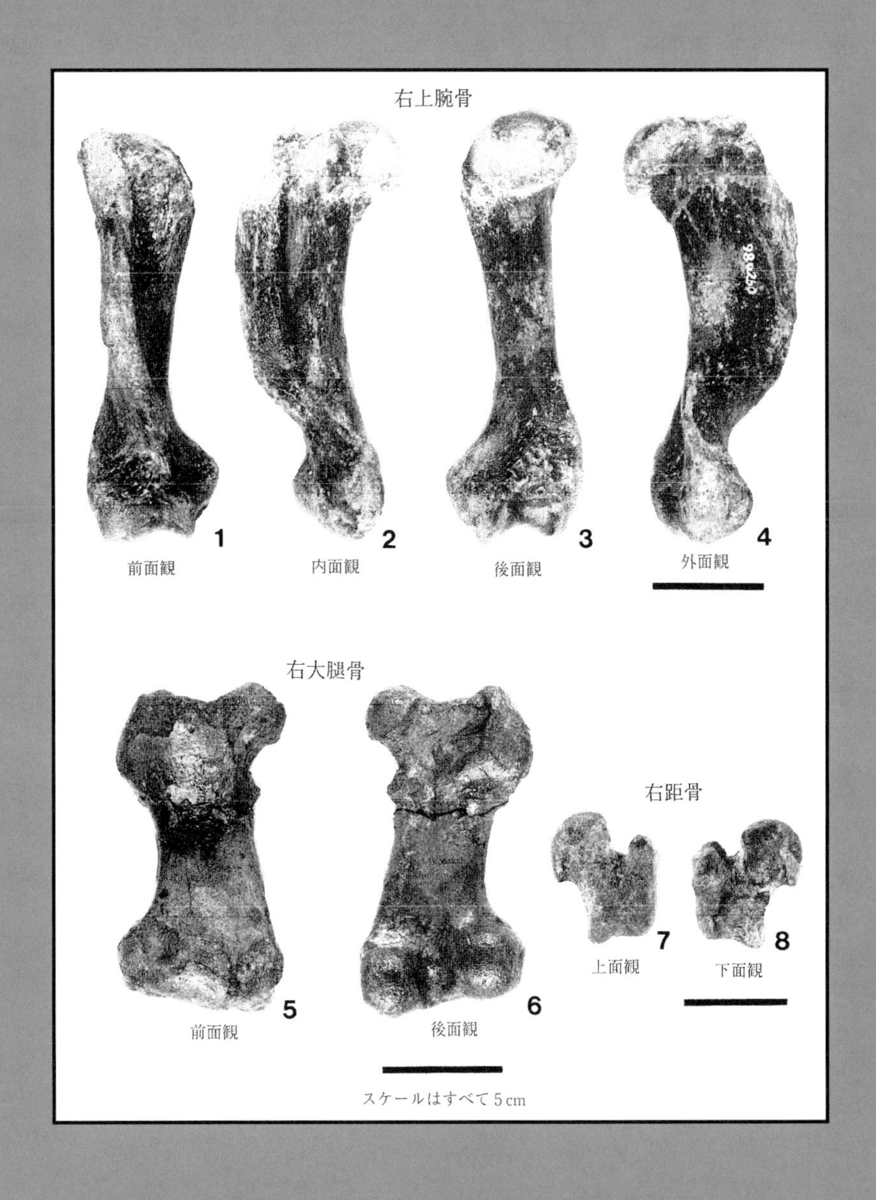

Fig.3-27
鰭脚目の１～４：右上腕骨、５・６：右大腿骨、７・８：右距骨

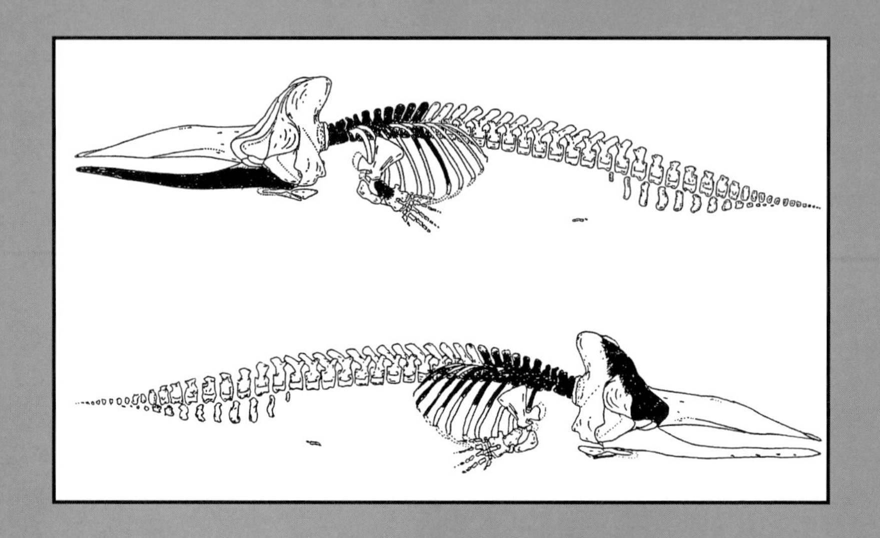

Fig.3-28

マッコウクジラ科の産出部位（図の黒い部分）
凹湾した頭骨はマッコウクジラのものとみられる。中新世の時代にすでにこの特徴を持ち合わせていたことを示す標本として、一島啓人氏によって研究が行われている。

Fig.3-29

テシオコククジラの産出状況

世界で３例目の標本。コククジラ科に分類された。コククジラは現生では１属１種だが、化石でも世界的に発見例が少ない。このクジラの生態を見ると、大洋を渡り歩くのではなく、沿岸性の生活をしていたとみられる。カリフォルニア湾で生きるコククジラでは、海底に頬を寄せて海底の小動物を食する姿が報告されている。新十津川のコククジラなど、鮮新世の寒冷な海で北海道沿岸に生きた仲間だったのか。

Fig.3-30

サッポロカイギュウの産出状況（山形、2004）

札幌・豊平川河岸で、カイギュウの４本の肋骨、２個の椎骨、１個の胸骨が発見された。太い肋骨は寒冷地適応のヒドロダマリス属（*Hydrodamalis*）と思われた。

Fig.3-31
サッポロカイギュウの化石を発見した（右から）棚橋愛子さん、山形さん、木村（撮影／北海道新聞社）

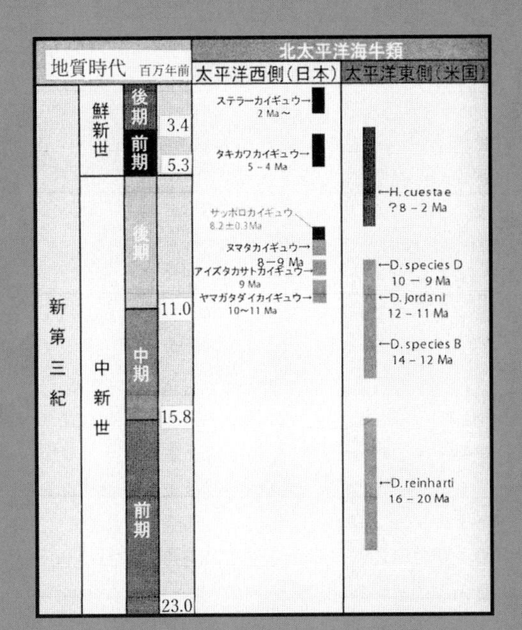

Fig.3-32
カイギュウの系統図（古澤原図）
古澤氏の多くの海牛化石研究の比較と総合地質調査団の調査結果から、サッポロカイギュウは820万年前の地層からの産出であり、寒流の海で大型化した大カイギュウ属（*Hydrodamalis*、太黒線で表記）の世界最古の標本と位置付けられた（古澤仁、2013）。

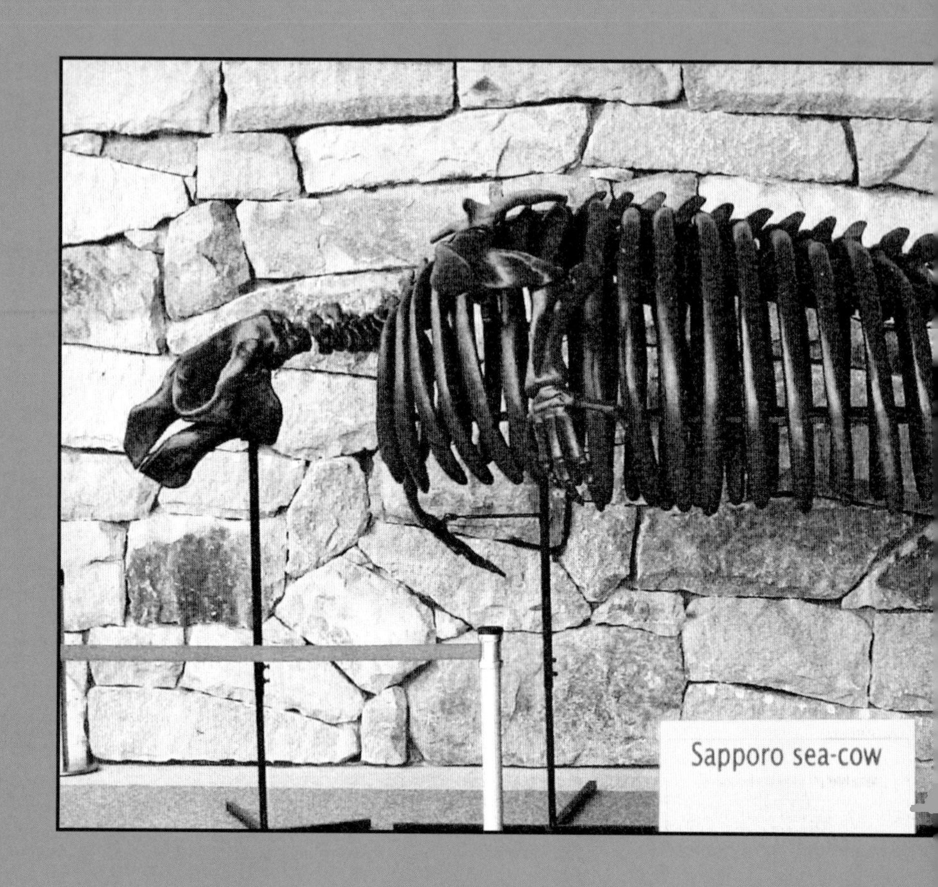
Sapporo sea-cow

Fig.3-33
復元されたサッポロカイギュウ
サッポロカイギュウの標本の産出量は少なかったが、古澤氏のこれまでの研究データベースに基づきサッポロカイギュウが復元された。

【参考文献】

（本文）

第 1 章

十勝団体研究会編, 1974,「ナウマン象のいた原野　十勝団研 12 年の歩み」, 北海道大学図書刊行会.

十勝団体研究会編, 1978,「十勝平野」, 地団研専報, 22, 地学団体研究会.

郷土と科学編集委員会編, 1980,「北海道 5 万年史」, 郷土と科学編集委員会.

第 2 章

フカガワクジラ発掘調査団編, 1982,「深川産クジラ化石発掘調査報告書」, 深川市教育委員会.

タキカワカイギュウ関連地質調査団編, 1984,「タキカワカイギュウ調査研究報告書」, 滝川市教育委員会.

郷土と科学編集委員会編, 1985,「続　北海道 5 万年史」, 郷土と科学編集委員会.

松井愈教授記念論文集刊行委員会編, 1987,「松井愈教授記念論文集」, 松井愈教授記念論文集刊行委員会.

足寄町教育委員会編, 1989,「足寄動物化石群研究の記録」, 足寄町教育委員会.

木村方一・中田勝利, 1992,「新十津川町産クジラ化石研究の記録」, 新十津川町クジラ化石研究会.

第 3 章

木村方一ほか, 1999,「天塩町産クジラ化石発掘調査研究報告書」, 天塩町教育委員会.

阿寒動物化石群調査研究会編, 2000,「阿寒動物化石群調査研究報告書（第一報）」, 阿寒町教育委員会.

阿寒動物化石群調査研究会編, 2002,「阿寒動物化石群調査研究報告書（第二報）」, 阿寒町教育委員会.

足寄動物化石博物館編, 2000,「足寄動物化石博物館紀要」, 足寄動物化石博物館.

札幌市博物館活動センター編, 2007,「札幌市大型動物化石総合調査報告書」, 札幌市博物館活動センター.

北広島市教育委員会編, 2014,「北海道北広島市で発見された哺乳動物化石群産出層の再検討」, 北広島市教育委員会.

北海道文化財保護協会編, 2020,「北海道の文化 92 号」, 北海道文化財保護協会.

（図版）

第 1 章

春日井昭ほか, 1968,「十勝平野に分布するいわゆる " 帯広火山砂 " について」, 地球科学, 22.

木村方一ほか, 1970,「十勝平野の内陸に分布する古砂丘について（第 I 報）」, 第四紀研究, 9.

木村方一ほか, 1972,「十勝平野の内陸に分布する古砂丘について（第 II 報）」, 第四紀研究, 11.

十勝団体研究会, 1978,「十勝平野」, 地団研専報, 22.

亀井節夫ほか, 1971,「北海道広尾郡忠類村産ナウマン象について（予報）」, ナウマン象化石発掘調査報告書, 北海道開拓記念館.

犬塚則久, 1986,『歯の比較解剖学』, 医歯薬出版株式会社.

矢野牧夫, 1978,「ナウマンゾウ包含層から産出した植物遺体」, 地団研専報, 22, 十勝平野.

田中　実ほか, 1978,「ナウマンゾウ包含層から産出した偶蹄類化石」, 地団研専報, 22, 十勝平野.
木村方一・高久宏一, 1979,「北海道苫前郡羽幌町三毛別川上流産 Desmostylusの臼歯」, 地球科学, 33.
木村方一, 2006,「北海道池田町千代田産鯨化石分類の再検討」, 足寄動物化石博物館紀要, 4.
Lawrence G.Barnes, et al., 1994, "Classification and distribution of Oligocene Aetiocetidae(Mammalia;Cetacea;Mysticeti) From western North America and Japan", The Island Arc.
Inuzuka Norihisa, 2005, "The Stanford Skeleton of Paleoparadoxia (Mammalia:Desmostylia)", 足寄動物化石博物館紀要, 4.
Inuzuka Norihisa, 2006, Postcranial Skeleton of Behemotops katsuiei (Mammalia;Desmostylia)", 足寄動物化石博物館紀要, 4.
松井　愈, 1989,「足寄町、茂螺湾、上足寄付近の地質－足寄動物化石群研究の記録－」, 北海道足寄町教育委員会.
木村方一ほか, 1988,「北海道網走市常呂層（後期漸新世）より発見されたプロトテルム科の化石」, 北海道教育大学紀要, 48(2).
江頭史郎・木村方一, 1998,「北海道広尾郡大樹町から発見されたヒゲクジラ化石」, 郷土と科学, 111.
Tanaka Yoshihiko, et al., 2018, "A new species of Middle Miocene baleen whale from the Nupinai Group, Hikatagawa Formation of Hokkaido, Japan." PeerJ, 6.

第 2 章

木村方一ほか, 1983,「北海道石狩平野・野幌丘陵からの前記一中期更新世哺乳動物化石群の発見」, 地球科学, 37.
篠原　暁ほか, 1985,「北海道石狩平野の野幌丘陵から発見されたステラー海牛について」, 地団研専報, 30.
石栗博行・木村方一, 1993,「北海道野幌丘陵の前記更新統から産出した Odobenus rosmarus」, 地球科学, 47(2).
樽野博幸・河村善也, 2007,「東アジアのマンモス類 ── その分類、時空分布、進化および日本への移入について再検討」, 亀井節夫先生傘寿記念論文集.
Uno Hikaru and Kimura Masaichi, 2004, "Reinterpretation of some cranial structures of Desmostylus hesperus (Mammalia: Desmostylia) : a new specimen from the Middle Miocene Tachikaraushinai Formation, Hokkaido, Japan." Paleontological Research, 8.
山口昇一ほか, 1981,「北海道歌登町産 Desmostylus の発掘と復元」, 地質調査書月報, 32.
木村方一, 1977,「北海道中川郡本別町付近の螺湾礫岩砂岩層より Desmostylus の臼歯発見」, 地球科学, 31.
古澤　仁, 1982,「フカガワクジラ化石」, 深川産クジラ化石発掘調査報告書.
Tanaka Yoshihiro1, et al., 2020, "A new member of Fossil balaenid(Mysticeti, Cetacea) from the early Pliocene of Hokkaido, Japan.", ROYAL SOCIETY OPEN SCIENCE.
「タキカワカイギュウ調査報告書」, 1984. 滝川市教育委員会.
木村方一ほか, 1987,「北海道雨竜郡沼田町の下部鮮新統産クジラ化石」, 松井愈教授記念論文集.
Furusawa Hitoshi, 1988, "A New Species of Hydrodamaline Sirenia from Hokkaido,

Japan.", Takikawa Museum of Art and Natural History.
古澤　仁ほか, 1993,「北海道沼田町産海生哺乳類化石群の年代と古環境」, 地球科学, 47.
Ichishima Hiroto and Kimura Masaichi, 2000, "A new fossil Porpoise (Cetacea:Delphinoidea:From the early Pliocene Horokaoshirarika formation, Hokkaido, Japan. ", Journal of Vertebrate Paleontology, 20.
木村方一ほか, 2013,「北海道北広島市で発見された哺乳動物化石群産出層の再検討」, 北広島市教育委員会.
木村方一, 1992,「シントツカワクジラ化石 ―新十津川町クジラ化石研究の記録」.
第 3 章
Ichishima Hiroto and Kimura Masaichi, 2005, "Haborophocoena Toyoshimai, A new Early Pliocene Porpoise (Cetacea:Phocoenidae) from Hokkaido, Japan. ", Journal of Vertebrate Paleontology, 25.
Ichishima Hiroto and Kimura Masaichi, 2009, "A new species of Haborophocoena, An Early Pliocene phocoenid cetacean from Hokkaido, Japan. ", Marin Mammal Science, 25.
Ichishima Hiroto, et al., 2018, "First Monodontid Cetacean (Odontoceti, Delphinoidea) from the Early Pliocene of the North-Western Pacific Ocean. ", The Palaeontology Association.
Ichishima Hiroto, 1994, "A new fossil kentriodontid dolphin (Cetacea; Kentriodontidae) from the Middle Miocene Takinoue Formation, Hokkaido, Japan. ", The Island Arc, 3.
木村方一ほか, 1995,「北海道北部初山別地域の海牛化石産出層（金駒内層）の地質時代と古環境」, 地質学雑誌, 101.
木村方一ほか, 1997,「北海道羽幌町の中期中新統から産出した鰭脚類下顎骨について」, 穂別町立博物館研究報告, 13.
木村方一ほか,「北海道東部の阿寒町で発見された脊椎動物化石とその産出層準について」, 地球科学, 52.
阿寒動物化石群調査研究会編, 2000,「阿寒動物化石群調査研究報告書（第一報）」, 阿寒町教育委員会.
阿寒動物化石群調査研究会編, 2002,「阿寒動物化石群調査研究報告書（第二報）」, 阿寒町教育委員会.
甲能直樹, 2002,「阿寒町より産出した鰭脚類化石」, 阿寒動物化石群調査研究報告書（第二報）.
木村方一ほか, 1999,「天塩町産クジラ化石発掘調査研究報告書」, 天塩町教育委員会.
山形由史, 2004,「大昔、札幌の海に巨大人魚が泳ぐ〜日本最古の大型海牛、発見・発掘体験の記録〜」, 日本写真学会誌, 67.
Ichishima Hiroto, et al., 2006, "The oldest record of Eschrichtiidae (Cetacea : Mysticeti) from the Late Pliocene, Hokkaido, Japan", Journal of Paleontology, 80.
札幌市博物館活動センター編, 2007,「札幌市大型動物化石総合調査報告書」, 札幌市博物館活動センター.
古澤　仁, 2013,「海牛の大型化に関する考察」, 化石研究会誌, 45.
Tanaka Yoshihiro, et al., 2019, "Crown beaked whale fossils from the Chepotsunai Formation (latest Miocene) of Tomamae Town, Hokkaido, Japan."
Tanaka Yoshihiro, et al., 2020, "A new member of fossil balaenid (Mysticeti, Cetacea) from the early pliocene of Hokkaido, Japan."

結び

忠類ナウマンゾウの発見・発掘から50年目を迎えた2019年、地元ではさまざまな記念行事が行われた。一連の行事を進めていたのは、当時小学5年生で、発掘の現場を見学に来ていた鎌田浩さんだ。私にとって感慨深い1週間だった。

そして今年はタキカワカイギュウの発見・発掘から40年。世界に誇るカイギュウ博物館である滝川自然史博物館の活動に、あらためて目を向けてもらうきっかけになればうれしい。

本書の校正中、アンモナイトの研究家・森伸一さんからメールが届いた。留萌管内苫前町の海岸崖に大型動物の骨格が発見されたとの情報であった。さっそく翌日、沼田町化石館の元学芸員・篠原暁氏に現地へ足を運んでもらい、発見者の大八木和久氏の案内のもと現場を撮影し、散乱していた化石片を札幌に運んでもらった。それを私と札幌市博物館活動センターの古澤仁氏とで観察し、大カイギュウのものであると断定した。

6月、私は現地を訪ねた。露頭には、後頭骨を中心に左右の肋骨が仰向けにきれいに配列して保存されていた。約8メートルの崖の下に潜るこの化石の今後の発掘が期待される。この場所から約3キロ南の海岸露頭では、1994年にクジラ化石が発見され、苫前町郷土資料館に展示されている。それは昨年、多くの歯を持ったアカボウクジラの祖先であることが判明した。

化石とは不思議なものだ。それを前にすると、人は年齢も身分も体力も忘れてしまうのだ。集まった人たちは気持ちを一つにして掘り起こし、化石となった生き物のありし姿を想像し、夢の世界に入ってしまう。世知辛い人間世界を離れ、安らぎの時間を与えてくれる。その世界の素晴らしさを一人でも多くの教え子や市民のみなさんに伝えようと、私は歌をうたった。本書に掲載した替え歌は、私が毎度のように授業で歌ってきたものだ。

気づけば、化石との付き合いは半世紀を超えた。2003年の大学退職後にNPOの活動や市民普及活動に向き合った時も、化石に対する時のように純な気持ちで取り組むことができたように思う。そんな安らぎの人生が持てたのは、支えてくださった多くの人々、たくさんの動物標本、多くの化石動物たちのおかげだ。「全てに感謝」。この一言に尽きる。

2020年6月　著者記す

［著者略歴］
木村方一（きむら・まさいち）
1938年北海道黒松内町生まれ。北海道教育大学名誉教授。千葉大学文理学部地学科卒。北海道帯広柏葉高校教諭を経て1977年、助手として北海道教育大学札幌校へ。忠類ナウマンゾウ、タキカワカイギュウ、ヌマタネズミイルカなど道内各地の化石発掘に関わる。沼田町化石体験館名誉館長。
著書に『改訂版　太古の北海道』、共著書に『新版さっぽろビル街の化石めぐり』『北海道・探そうビルの化石』（いずれも北海道新聞社刊）などがある。

［写真提供］
足寄動物化石博物館　P.46、47、50
滝川市美術自然史館　P.88
沼田町化石体験館　P.91
札幌市博物館活動センター　P.116、138

［編集］
仮屋志郎

［ブックデザイン・DTP］
江畑菜恵（es-design）

化石先生は夢を掘る
忠類ナウマンゾウからサッポロカイギュウまで

2020年7月31日　初版第1刷発行
著　者　木村方一
発行者　菅原　淳
発行所　北海道新聞社
〒060-8711　札幌市中央区大通西3丁目6
出版センター（編集）電話 011-210-5742
（営業）電話 011-210-5744
印　刷　株式会社アイワード

乱丁・落丁本は出版センター（営業）にご連絡くださればお取り換えいたします。
ISBN978-4-89453-996-9